シリーズ
いま日本の「農」を問う
7

農業再生に挑むコミュニティビジネス

豊かな地域資源を生かすために

曽根原久司／西辻一真／平野俊己／
佐藤幸次／南部町商工観光交流課［著］

ミネルヴァ書房

刊行にあたって

「農業」関連の議論や報道が活発化している。これまで農業問題というと、農業研究者や生産者、農林水産省・JA関係者だけの問題と考えられ、とくに都市部の住民は関心が薄かった。ところが、ここへきて急に農業問題がクローズアップされ一般市民の関心を集めている背景には、世界規模での社会情勢の変化がある。マスコミが発信する記事からは、研究機関・穀物メジャーや大商社・食品関連企業・農林水産省などからの新しい農業の動向が伝えられる。また食料自給率や食料安全保障という考え方が市民に浸透し、日本の食料問題は、世界の政治・経済や気候条件と無関係ではないという事実を強く感じさせる。

また環境問題や食の安全問題は、自分自身の問題として、我々の日常に無関係ではなくなっている。しかし肥料の過剰投与や化学農薬による土壌や水質汚染、遺伝子組換え種子の問題は、それをセンセーショナルに否定的にとらえる論調ばかりが目立ち、実際のところはどうなのか、という冷静な判断ができにくくなっている。

一方で、化学肥料や農薬を使わない「有機農業」や、そもそも肥料も農薬も使わない「自然農法」の存在がきわめて魅力的に語られ、環境や食の安全に関心のある人々を惹きつけている。しかし、実際のところはどうなのか、現実にはどの程度実現しているのか、という冷静で客観的な判断は、残念ながらあまり目にする機会がない。これは原発の自然エネルギーへの代替可能性論議に似ている。

本シリーズを企画するにあたり、センセーショナルな論者ではなく、科学的かつ客観的で冷静な、あるいは農業の実践者ならではの経験蓄積から語られる、説得力のある言葉をもつ筆者にお願いした。そのため執筆者の範囲はたいへん広くなり、大学や研究機関の研究者では、農学にとどまらず、生物学、植物遺伝学、文化人類学、経済学、哲学、歴史学、社会学にまでおよぶこととなった。研究者以外では、穀物メジャーや大商社の現役商社マン、世界規模の化学会社、種苗会社、食品関連企業、また農業関係のジャーナリストやコンサルタント、大規模農家、農業関連NPOの代表や農業ベンチャーの経営者まで幅広い。その結果、執筆者の年齢も三〇代はじめから七〇代まで広がった。また筆者選定にあたり、TPPに賛成か反対か、遺伝子組換え問題に賛成か反対かという立場を「踏み絵」的条件にすることを避けた。

この企画作業の過程で、「農業」という人間の営みがもつ多面的な姿に気付かされることになった。「農業」は生産活動である前にまず「文化的な営み」であることを感じ、企画の基調に「農業は文化である」という視点を立てることとなった。

この広範な視野を取り込む編集作業にあたり、多くの方のご協力、ご教示を得た。ここに記し、深く感謝する次第である。

平成二六年五月

本シリーズ企画委員会

農業再生に挑むコミュニティビジネス——豊かな地域資源を生かすために　目次

本文DTP　AND・K
企画・編集　エディシオン・アルシーヴ

第1章　限界集落だって農業はおもしろい

――「えがおつなげて」の取り組み――

曽根原久司

曽根原久司
（そねはら　ひさし）

1961年，長野県生まれ。
NPO法人えがおつなげて代表理事。

大学卒業後，フリーターを経て金融機関などの経営コンサルタント。その後山梨県へ移住。都市と農村の共生社会の実現を目指し，2001年，NPO法人えがおつなげてを設立。山梨県「やまなし産業大賞経営品質大賞部門」優秀賞，環境省・日本エコツーリズム協会「第9回エコツーリズム大賞」特別賞（以上，2013年），日本経済新聞社「日経ソーシャルイニシアチブ大賞」大賞，内閣官房・農林水産省「ディスカバー農山漁村の宝」優良事例（以上，2014年）などを受賞。内閣府地域活性伝道師，2014年度アショカ・ジャパンフェロー，やまなしコミュニティビジネス協議会会長。著書に『日本の田舎は宝の山』（日本経済新聞出版社，2011年）他。

1　山梨からはじめる

旧増富村にて

私が代表を務めるＮＰＯ法人「えがおつなげて」は、山梨県北杜市須玉町《ほくとしすたまちょう》の旧増富村《ますとみむら》という山間集落で活動を行っている。今、ようやく社会的認知を得た「コミュニティビジネス」の先駆けといえる。日本百名山に数えられる「瑞牆山《みずがきやま》」を望む旧増富村は、標高一〇〇〇メートルを超える高原地帯。日本有数のラジウム温泉である増富ラジウム温泉があり、全国から湯治に来る方も多い。かつては街道の通過点として栄えた土地で、農林業などの産業も盛んな地域であった。しかし、山間集落というアクセスの悪さもあり、高齢化が進み、いつしか高齢化率も約六二パーセント（二〇〇七年）まで上がった。また、高齢化にともない農業の衰退が進み、耕作放棄地も年々増えてきた。以前は特産の花豆やビールの原料になるホップなどの生産があり活気のあふれる地域だったが、現在では耕作放棄率が六二パーセントを超えた。加えて、安価な輸入材の台頭によって林業も次第に衰退していき、その結果、地域の若者たちは地元から都会へ出ていってしまった。この旧増富村はいつしか、いわゆる「限界集落」となったのだ。

この増富地域にNPO法人「えがおつなげて」の農場ができたのは、二〇〇三年。目指したのは、ススキやカヤの根がはびこる畑を耕し、その畑を軸にして都市と農村をつなぎ、人の流れを意識的に作ることで地域が活性化するような仕組みを作ることである。山梨県の耕作放棄地は三二五二ヘクタール（二〇〇五年度農業センサス）だが、どの自治体でも悩みの種となっているこの耕作放棄地を、逆に農村の有益な資源としてとらえ、農村と都会を結びつける取り組みとしてスタートさせた。

しかしこれをスタートする際、法的にクリアしなければならないこととして、農地法の問題があった。その当時、NPO法人では農地を借りることができなかったのだ。そのため、地元の自治体（須玉町）と協議し、構造改革特区を内閣府に申請することを検討した。結果、NPOへの農地貸付に関して、須玉から内閣府の特区推進室に申請し、二〇〇三年に特区第一号として認定された。これによってNPOでも正式に農地貸借が可能となった。

また、実際に活動を実施する際は、活動の拠点が必要となる。この増富地域には、森林ボランティアなどが参加し、林業の活性化を図るための施設として、温泉や集会所機能を備えた「みずがきランド」が建設されていた。しかし、この施設の運営者である地元住民が高齢化したため、その運営はたいへん厳しい状況となっていた。そこで「えがおつなげて」に運営を委託し、活用していこうということになった。この施設はその後の活動に大いに貢献することになる。

小さなさざなみが大きな波に

都市と農村のつながりは、双方が思っているようにはうまくいかないものである。農村には農村の「理」があり、都市の人間にはそれが理解できない。都会からの人の流れが一方的で、その振る舞いがときに傲慢にみえるのは、人々が農村の「理」を理解していないからでもある。その「理」を理解するには、地域に入り地域の担い手として農村の信頼を勝ち取ることが必要だった。

「えがおつなげて」の農場を立ち上げた当初は、村人からは怪訝な目でみられていた。「新参者が人を集めて何かをしている」……それは農村という小さな池に投げられた小石のようなものだった。地域の若者が都会に出てしまった過疎の村に、都会から若者が次々に訪れ、荒れてしまった畑が次々に再生されていく……「あんたんとこはいつも人がきて楽しそうにしているけど、何をしているの？」。小石が生んだ波紋は次第に大きくなり、疑いは驚きに変わった。放棄された畑から作物が収穫され、翌年もその畑が機能しているという事実が農民の気持ちを変えた。「一生懸命農業をやっているようだ。でも素人は素人。何か手伝ってみようか」。新参者と地域住民との間に信頼関係が生まれるのに、それほどの時間はかからなかった。

都市の若者たちの「農に関わりたい」という思いは、農業ブームといわれる昨今、非常に話題になっているが、ニーズ自体は以前からあった。忙しいウイークデイが終わり、ほっと一息つける週末や夏季休暇、あるいは転職の合間等々、ボランティアでもいいから土を触りたいという若者たちは多かった。しかし素人が農業に関わるのは非常に難しい。農家の作業の手伝いなどはなかなかできないし、そもそもボランティアに作業を教えるよりも自分で作業した方が早いと考えるのがプロ農家である。したがって、受け入れ先はそうたくさんはない。都市にある潜在的な「農」へのニーズは、生かす場面があまりなかったともいえる。

そこでまず、その若者たちの受け皿を作ることから始めた。登録制の農村ボランティアという仕組みを作り、農場で手伝いが必要な期間、いつでも訪れることができるようにした。ボランティアは、自分の都合のよい期間だけ参加することができる。何も知らない若者たちに農業指導をしなくてはならないため、参加費を一律三〇〇〇円徴収した。そして、食事と宿泊施設は無料で提供することにした。参加費を支払わねばならないボランティアであるにもかかわらず、週末のみでも一週間でも大丈夫というゆるやかな仕組みが都市のニーズにマッチし、多くの農村ボランティアが参加した。

さらに二〇〇五年からは都市の企業と連携し、開墾ツアー、ダイズ栽培から味噌作りまでの体験ツアーなどのグリーンツーリズムも企画し、都市からの人の流れをより積極的に作り出してきた。その結果、スタートして九年の間に、都市部から増富地域を訪れた人たちは延べ人数で五万人近くとなった。その間に耕作放棄地約五ヘクタールが、畑や田んぼとして復活した。農に触れあう機会を提供すれば、農に触れあう人間の母数も増えていく。村を訪れた農村ボランティアのなかから、そのまま増富地域に定住し新規就農する若者も現れた。人が流れる仕組みを作ったことで、地域に若者が戻ってきたのだ。何名かは今、「えがおつなげて」のスタッフとして、また地域の新たな担い手として活躍している。

このように、農村に人を呼ぶ仕組みを作ることで、都市からたくさんの人がやってくるようになった。何か地元の料理でも用意したい……しかしスタッフだけでは仕事が回らない。結果、あらゆる場面で地域の人たちの協力を仰ぐことになった。地域の人たちにとって、今まで自分の家族にしか作ってこなかった料理を都会の人たちが「おいしい、おいしい」といって食べること、あたりまえの農作業に「すごい！」と感嘆の声があがること、みなはじめての経験だった。他者から評価されることは価値の見直しにつながる。感動されることは喜びになり、人の笑顔をみることがやりがいに変わっていった。たくさんの人の前で、もじもじしながら料理の説明をしていたおばちゃんは、やがて農家の誇りを持ち自立した一人の女性になった。過疎の村・限界集落という自信喪失の状態から、自己の経験が「貴重なもの」であることを、農村の対極にある都市の人に教わることになったのだ。都市と農村の交流は人と人だけではなく、価値観の交換にもなった。地域を巻き込んだ交流プログラムは、たんに耕作放棄地の解消、人々の交流だけでなく、村の誇りを取り戻すという本当の意味での活性化につながったのだった。

安定的、継続的な活動のために

しかし、このように耕作放棄地を開墾し、農地として復活させるだけでは抜本的な課題解決にはならない。ネックとなるのはよみがえった農地の安定的な維持管理と収穫物の販売である。そこまで完結しなければ耕作放棄地を開墾し農作物を作ったとしても継続的な農地の維持はできず、再び耕作放棄地に戻っていく可能性もある。それは耕作放棄地が生まれた根源的な課題、その農地に期待されるべき「存在価値」が認められないという課題が解決されていないからだ。

そんな問題点を解決する仕組みとして「企業ファーム」が生まれた。「企業ファーム」とは耕作放棄地で展開される一連の農作業を、企業にとっての意味のある「新たな価値」として再認識してもらうことで、その企業と我々とが包括的な連携関係を構築しようというものである。この両者の取り組みによって、企業にとっては職場でのストレス対策など企業の抱える課題の解決が、地域にとっては耕作放棄地の解消と活用の維持が可能となる。双方にメリットのある関係を築き上げることで、安定的で継続的な耕作放棄地の解消につながるのである。

「耕作放棄地の開墾作業」から「よみがえった農地で展開される農作業」、さらには「収穫作物の活用」まで一貫して価値づけを行い、連携企業の課題解決に活用してもらう。こうした構造的に安定した収益が望める継続性のある活動、それが「企業ファーム」事業だ。その基本構造は、ＮＰＯが借りた耕作放棄地（農地）で行われる開墾作業・農作業・収穫される農作物、そのすべてを企業として活用してもらい、連携企業が現地に来られない期間の農場の維持管理はＮＰＯが行うというというものである。

耕作放棄地の「開墾」からその上で展開される「作業」と「収穫物」を、あますことなく企業に活用（課題の解決／顧客サービス／原料調達など）してもらえるように行うＮＰＯの活動（日常管理／農作業指導／アドバイスなど）に対して、企業は「対価」を支払いＮＰＯは「収益」を上げる。この安定的な収益構造により、農場において安定的かつ継続した雇用を維持することが可能となり、それにより復活した農地の継続的な維持管理ができることになる。そして何よりも重要なことは「企業ファーム」事業により継続的な交流活動を通じて疲弊した農村地域が活性化し、また一方で企業において課題が解決されるというＷＩＮ－ＷＩＮの関係が構築されることだ。

2　農村と企業をつなぐ

三菱地所グループの「空と土プロジェクト」

「えがおつなげて」は現在、さまざまな企業と連携して都市と農村をつなぐ企業ファームの活動を行っている。まず、三菱地所グループとの活動をご紹介する。

図1　純米酒「丸の内」

三菱地所グループ社員らが,山梨県の耕作放棄地を開墾して,酒米の田植えや稲刈りに参加した。その酒米を使って,地元山梨県の醸造元で作られたお酒。

二〇一一年二月、純米酒「丸の内」の新酒お披露目バスツアーが開かれた。ツアーの目的地は、純米酒丸の内を仕込んだ山梨の酒蔵・萬屋醸造店。参加者は、原料になる酒米の田植えや稲刈りの体験に参加した方を中心に東京から約四〇人。なかには東京丸の内などですし店を営む経営者の方もいた。このすし店では二〇一一年から、純米酒「丸の内」を出して頂いている。萬屋醸造店に到着後、まずは酒蔵の見学。日本酒の醸造過程の説明を、酒蔵を見ながら聞いて頂いた。その後、いよいよその年の「丸の内」のお披露目となった。参加者自らが酒米の田植えや稲刈りに関わってできた日本酒だけに、

図２　山梨まで田植えにやってきた三菱地所グループの社員ら

みなさん感慨深げに試飲していた。「うちの『丸の内』はうまいよね」などと、お互いに笑顔で話しながら。

原料になる酒米は、農薬を使わずに栽培した。その酒米から二〇一二年は三八〇〇本の純米酒「丸の内」が誕生したのだ。酒米を栽培する際、田植え、稲刈りのときには、丸の内エリアで働く、とくに日本酒が好きな人たちにバスツアーに参加頂き、体験をしてもらった。こうしてできた純米酒「丸の内」は、先ほど紹介したすし店の他、丸の内付近の店舗、レストランなどで出されることになり、好評のうちに約一カ月ほどで完売となる人気商品となった。

この純米酒「丸の内」プロジェクトは、

図３　荒れた耕作放棄地，開墾前の様子（上）と三菱地所グループ社員らが協力して開墾した同じ場所（下）

「えがおつなげて」が三菱地所グループと連携して進めている、都市と農村をつなぐCSR活動「空と土プロジェクト」の一つである。このプロジェクトを通じて、農村側で耕作放棄地となっていた棚田などの活用が始まっただけでなく、純米酒「丸の内」という新たなブランド商品が開発され、酒米を栽培する増富の住民や、日本酒を醸造して頂いた酒蔵との交流も始まった。一方、都市側の丸の内では、この日本酒を出して頂く店舗やレストラン、丸の内で働く人々との交流も広がっていったのである。

さらに三菱地所グループでは、増富地域の耕作放棄地を利用した交流プロジェクトを拡大し、三菱地所グループにて分譲・管理するマンション・戸建の契約者らのために田植えや稲刈り、野菜の収穫などの農業体験ツアーを実施している。このツアーは、毎回抽選で参加者を決めるほど、とても人気のツアーだ。自然や土に接する機会が少なくなっている首都圏に暮らす人々にとってこのツアーは、しばし自然や土に触れることのできる憩いの機会となっているのかもしれない。参加者からは、「子供が、泥やカエルを触れるようになっていて、とてもいい経験だった」「土や太陽のありがたさを改めて感じることができた」「地域の人と交流ができたことが良かった」といった感想が毎回のようにあがっている。

また、三菱地所グループとは山梨県の森林資源の有効活用についての取り組みも始まっている。「農」で培った交流が「林」につながったのだ。これによって今まで輸入材中心であった日本の家造りに、輸入材ではなく国産材を使用する流れが生まれようとしている。この活動は、山梨県知事・三菱地所社長・三菱地所ホーム社長・「えがおつなげて」の間で正式に協定を結ぶことによって進められており、以下が協定を結んだときの様子である。

二〇一一年八月三一日、山梨県庁本館二階特別会議室で、三菱地所、三菱地所ホーム、えがおつなげて、山梨県の四者の代表が一堂に会し、山梨県産木材の利用拡大のための協定締結式と、共同記者会見が行われた。

「本日、三菱地所株式会社、三菱地所ホーム株式会社、そしてＮＰＯ法人えがおつなげてと、本県とで『山梨県産材の利用拡大の推進に関する協定』を締結することができまして、本当にうれしく思います。（中略）県としてもこの三者の皆さんと一緒になって県産材の活用拡大のために、ブランド化のために最大限の努力をしていきたいと思っています」（横内正明・山梨県知事）また、三菱地所・杉山博孝社長は「この協定により、三菱地所グループの経営資源と地域資源を生かし、地域の活性化に取り組んでいきたい」と述べられ、三菱地所ホーム・脇英美社長は「私たちの試みは住宅業界でも非常に注目

図４　四者協定締結の様子（左）とモデルハウス（右）

されている。パイロットケースであり、使命感を持っている」と熱く語られた。

この四者協定の締結後、現在では、カラマツ、アカマツの間伐材などの山梨県産材が、三菱地所ホームが建設する一戸建住宅の梁材や床材、構造用合板として開発され、流通している。この製品は現在、三菱地所グループの三菱地所ホームにおいて、2×4（ツーバイフォー）住宅の構造用部材として標準採用されている。二〇〇九年には三五パーセントだった三菱地所ホームの2×4住宅の構造材の国産材比率は、二〇一二年には五〇パーセントまで高まり、2×4住宅業界トップクラスの水準となった。

うれしいことにこの取り組みは、二〇一三年度のグッドデザイン賞も受賞することができた。さらに今後は、同じ国産材のなかでも、サステナブルな管理が行われている森林から産出されたことを証明するＦＳＣ（Forest Stewardship Council：森林管理協議会）認証材の使用比率を高めていく方針も打ち出され、山梨県内の林業者の協力も得ながら、山梨県産材を有効に利用する仕組みを連携して構築しているところである。

「はくほうファーム」

二〇一一年冬、大手広告会社の博報堂・博報堂ＤＹメディアパートナーズの社員のみなさんが、ある目的で、増富を訪れた。耕作があきらめられ、放置されたままの土地を開墾するためだ。一人ひとりの手には、草刈り鎌とスコップ。まずは鎌でススキを刈っていく。一通り刈り終えたら、次はスコップでススキの根っこを掘り起こしていく。作業すること数時間。最初は、人が入ることも難しかった土地の視界が広がり、農地の状態に近づいていく。開墾なんて不可能と思われていた荒れた農地が、よみがえってきたのだ。そして、この開墾活動の後、「はくほうファーム」と呼ばれる農場の活動が始まったのである。

この開墾体験を終え、博報堂と「えがおつなげて」との間で連携協定が結ばれた。この「はくほうファーム」の目的は日頃、多忙な業務環境のなかで、頭でっかちな状態になった

図5　草刈鎌を携えた博報堂の社員が勢ぞろい

社員のために、①リラックス、②クリエイティビティ、③たて・よこ・ななめのコミュニケーションによるつながりを体験させる、社内のコミュニケーション・ツール＆人材育成施策として生まれたもの。二〇一一年の耕作放棄地の開墾体験は、その第一歩だったというわけだ。それ以後、開墾されたこの農場では、博報堂・博報堂ＤＹメディアパートナーズの社員の参加により、田植え、草取り、稲刈りなどが人材育成研修の一環として行われている。

企業ファームの広がり

また、二〇一三年四月からは、日清オイリオグループの一〇〇パーセント出資会社であるマーケティングフォースジャパンと「えがおつなげて」の連携プロジェクトが始まった。社員で耕作放棄地の現状を通じて日本の農業について学びながら、耕作放棄地の開墾～ダイズの栽培～収穫を行うというものだ。この活動は、マーケティングフォースジャパンの社員にとどまらず日清オイリオグループの社員、そしてその関連取引企業のみなさんをも巻き込みながら展開されている。社員研修の一環として実施されるこのプロジェクトは食品を扱う企業として、食の原点に触れるという体験が社員に大きな意識の変化を与えるきっかけとなっているとのことだ。さらに、収穫されたダイズを活用した商品開発の検討も行われている。

この他にも、東京に拠点を構えネット通販の運営サポートを行うＩＴ企業ソキュアスと連携し、福利厚生の一環として農業体験を行うソキュアスファームプロジェクトや、早稲田大学ビジネススクールの教授やゼミ生が開墾体験からコメ作りまで行う体験プロジェクトなど、さまざまな都会の企業・団体と連携し農村とつなぐプロジェクトを行っている。

都会人にとって農業体験は魔法の薬

都会で働く方々の傾向として、パソコンに依存するワークスタイルというものがある。

図６　マーケティングフォースジャパンの社員による開墾作業

図７　マーケティングフォースジャパン社員による土寄せと除草作業後の様子

身体を動かしたり、職場の同僚同士でコミュニケーションを取ったりすることも少なく、労働環境に強いストレスを感じている人も多いようだ。著書『バカの壁』で知られる解剖学者の養老孟司さんは「今の都会人は、頭と身体のバランスが非常に悪い」と言っている。その解決策として、農村に行き畑の草取りや森林の間伐などをしながら身体を使うことを勧めている。かくいう私も、もともとは東京で金融機関の経営コンサルタントをしていたのだが、バランスの悪い働き方で体調を崩してしまったことがある。しかし東京から山梨にやってきて畑を開墾し、農作業をしていたら自然に体調がよくなってきたという経験がある。農村での農業体験は都会人にとって、魔法の薬なのかもしれない。

「企業ファーム」の運営ノウハウを生かし、旅行会社のＪＴＢとも連携して、新しい農村体験ツアーも始まった。私たちの地域と同様に、日本の農村には隠れた豊かな資源がある。農産物、特産品、景観、文化、森林、古民家などの資源である。全国のこれらの資源を活用して、究極の田舎旅を企画した。旅行者に古民家などの施設に宿泊してもらいながら、地域ならではの農村体験を行ってもらう。またその旅行から帰ると、その宿泊した地域から地域ならではのおみやげが自宅に届く、そんなツアー企画である。現在、宮崎・滋賀・三重・福島・山梨の五つの地域でこのツアー企画が始まっている。今後は、全国規模のツアー企画に発展させていく予定である。

企業ファームの取り組みは、新しい形も起きつつあるなかで大きな広がりを見せている。

地元山梨の企業との連携

山梨県内でお菓子の製造販売をしている企業が、毎年、旧増富村を訪れている。清月《せいげつ》という山梨県を中心として和菓子や洋菓子の製造販売を行う企業である。ちなみに、この企業は、国際的な食のコンクール「モンドセレクション」の金賞を、イタリアンロールで三年連続受賞していることで有名である。

清月では旧増富村の遊休農地の開墾を、一〇年前、社員教育の一環として始め、それ以来、開墾した農地で青大豆の種まきから収穫までを行っている。社員教育から始めた農業であったが、収穫した青大豆を商品化したいという思いから青大豆を使った豆大福の商品開発を行った。この豆大福は、清月のヒット商品となり、今や定番商品となった。また、増富地域の特産である花豆の栽培を行い、これを使用した花豆ロールケーキや花豆大福などの商品化にも成功した。社員教育の一環として始めた活動が、現在では原材料の調達にもつながり、商品開発、販売まで行うほどに発展した。現在では、月に最低一度は旧増富

図８　地元のお菓子屋さん清月の豆大福
これに使われる豆は地元の再生した耕作放棄地で栽培されたもの。

村に足を運び、草取りなどの作業も自ら行っている。

　また、二〇一二年四月、「えがおつなげて」の本部がある北杜市の白州町に本社を構える金精軒《きんせいけん》製菓と「えがおつなげて」の間で、連携協定が結ばれた。「信玄餅」で知られる金精軒は、安全な和菓子作りを第一に、地産地消にこだわりを持つお菓子製造を行っている企業である。同じ地を拠点とする両者で連携して、「金精軒の畑」を始めることになったのである。「金精軒の畑」では、北杜市の地大豆として昔から親しまれてきた青大豆を、地元の農場で、金精軒の社員のみなさんと一緒に栽培している。そして、そこでとれた青大豆で新しい商品開発を進め、地産地消の和

図９　地元のお菓子屋さん金精軒社員とお客さんが協力して青大豆を収穫

菓子作りを行っている。

ところで、協定の調印式のときに、金精軒の小野光一社長は、こんなことをつぶやいていた。「最近は、あまりに安易に食べ物が手に入るようになっている」と。小野社長は「食べ物に対するありがたみを感じる機会が少なくなっている。第一次産業としての農業の苦労を知ることが大切だ。そうすれば農産物に対する愛着も増すだろう」と言う。同感である。今回、金精軒の畑で栽培する青大豆に限らず、農産物は種をまき、雑草を取り、収穫するという作業を経て、はじめて手にすることができる。あたりまえのことだが、私たち現代人は、そのことを忘れがちになっているると感じる。お金を出して買えば、いつでも食べられる。そんな意識が横行しているのではないか。その象徴が、ダイズの自給率にも表れているのではないか。今や、日本のダイズの自給率は五パーセントにまで低下してしまった。九五パーセントは輸入である。「輸入すれば安く手に入るし、それで問題ない」。そんな意識に支配されてしまっているのかもしれない。

3　企業ファームの考え方

農村のリソース×企業のテーマで事業化

ここまで紹介してきたように私は限界集落地域を拠点として、開墾ボランティアの活動の後、さまざまな企業と連携し「企業ファーム」活動に取り組んできた。ここでは「えがおつなげて」の企業ファームの考え方や特徴について紹介する。

企業ファームは、農村のリソースと企業のテーマや課題をかけあわせ、六つの価値に分類して活動を行っている（図10）。たとえば、三菱地所グループの「空と土プロジェクト」は、「ＣＳＲ」（Corporate Social Responsibility：企業の社会的責任）と「事業開発」がテーマ。限界集落の活性化への貢献とともに、社員や顧客のコミュニティ醸成に活用してきた。

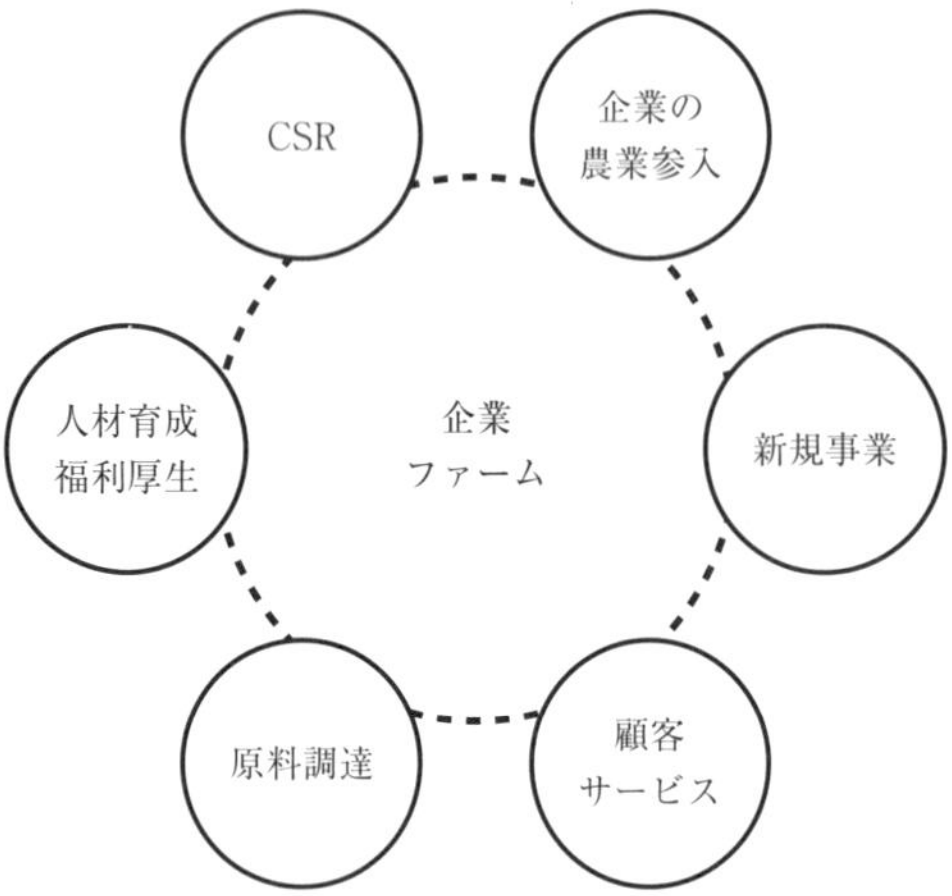

図10　企業ファーム６つの価値

同グループの契約農地は約一ヘクタール。その農地をフィールドとした年二〇回程度の各種ツアーが組まれている。これらは事業開発の側面といえるだろう。また最近では、ＣＳＲ活動をベースとしたこのような本業につながる事業開発の取り組みは「ＣＳＶ」（Creating Shared Value：共有価値の創造）と呼ばれているようだ。

二〇一一年から始まったはくほうファームは、ともに汗をかくという農作業のプロセスを部署・世代を越えて体験しながら、社員の人材活性化という人材育成プログラムに活用してもらっている。その他、食品関連企業では、社員に農作業の体験を共有してもらいながら農産物を生産し、収穫された農産物を活用して新しい商品を開発するといった「新規事業開発」といったことも行われている。

また、「えがおつなげて」の企業ファームなどの農業体験プログラムの特徴の一つは、まず耕作放棄地の開墾を行うことにある。準備された畑を耕し作物を栽培しても、結果的に土地に対する愛着がわかず、訪問することがおっくうになったり飽きてしまったりという事例を見聞きすることが多い。その原因は、土地に対する「愛情」が自分のなかに生まれないことにある。自らの手でクワやスコップを握り、額に汗し、何人かで力を合わせて放棄された畑を使える状態にすること。それはたんなる作業のようだが、人と人、人と土地のきずなを作ることにもなる。皆で一つのことを成し遂げる達成感の大きさ、同じ作業を行う仲間への連帯感。現代の都市ではそういう体験をする機会はそれほどない。

開墾作業を通じて生まれる土地への愛情と執着心は、まさに農民が古来より荒れ地を開墾し、自らの手で作った畑を手放せなくなる理由でもある。それが都市生活者のなかにも生まれるのは新鮮な驚きであった。「えがおつなげて」の体験プログラムにリピーターが多いのは、この開墾体験も理由の一つだと考えている。

せっかく開墾した畑だが、遠方から毎週末通うのは難しいことが多い。そこで常駐スタッフが通常の管理作業を行い、都市からの訪問は年に決まった回数を受け入れるというプログラムを用意した。稲作の場合は田植え・草取り・稲刈り。ダイズの場合は種まき・草取り・収穫。ある意味「いいとこどり」のこのプログラムが継続的な契約につながっている。常駐スタッフは地域に密着し地域の信頼を得ているため、地域からみると「知らない人」に土地を貸しているわけではない。また管理費として土地所有者が一定程度の収入を得ることができるのも、メリットとしては大きい。都市と農村、お互いがある意味「いいとこどり」をし、双方がＷＩＮ－ＷＩＮの関係でいられる仕掛けが継続の秘訣だと思う。

企業ファーム、全国へ広がる

現在、今まで培った「企業ファーム」のノウハウを全国の各地域へ移転する取り組みを行っている。その一つが、「企業ファームみちのく」と呼ぶ活動である。たとえば、宮城県松島町では地元団体とＩＴ企業との連携が実現し、企業の障害者雇用を行いながら農業を行うなどの活動が始まっている。この「企業ファームみちのく」の取り組みの一部を紹介しよう。

日本三景の一つ宮城県松島町は年間三五〇万人の観光客を集める日本有数の観光地だが、

内陸部の農村地域には五〇ヘクタールにおよぶ耕作放棄地、放置された雑木林、荒れた道があり、農山村として他地域と共通の悩みを抱えている。そこで、企業の障害者雇用という新しいニーズとのマッチングによって、東京のＩＴ企業と松島町との間で連携が行われたのである。その連携によって、障害者が働くことのできるシステム化された農場の運営の仕組みができた。また、その仕組みのもとで新しく農業生産法人が設立されることとなった。この新しく設立される農業生産法人で生産・収穫された農作物は、障害者が働く地域のカフェで食材として活用されるだけでなく、地元のスーパーや旅館・ホテルでも消費されるという、今までにない「地域と企業が広く連携する新しいモデル」を目指すことになった。

この企業と農村の連携のための共同宣言調印式が、二〇一三年一〇月、松島町で行われた。調印式に出席したのは、松島町長、ＩＴ企業社長をはじめ、ＪＡ理事長、農業生産法人の代表者などの事業関係者。調印式では、障害者雇用の場の創造や、生産された農産物の地産地消などが発表された。また、生産した農産物や地域の伝統野菜などを詰め合わせた「松島・東北ＥＧＡＯ便」の通販を、連携するＩＴ企業を通じて開始、数年後には顧客二〇〇〇人を目指すと発表された。また、ＩＴ業界で働く人々は、うつ病などの精神的な

病気を抱えているケースが多く、その予防も含めた農業体験などの事業も検討していると
ころである。

農村の多面的機能

こんな形で今まで私は、企業ファームという活動を山梨のみならず、さまざまな地域で行ってきた。そんな活動を全国で行うなかで最近気がついた、ある顕著な傾向についてお伝えしたいと思う。

それは広い意味での「身体と心のケア」に関する問い合わせが都市部の企業から増えているという傾向である。そんな方々から実際に聞いたことをまとめると、最近の働く人々の課題として、生活習慣病の増加などによる健康問題、うつ病などに代表される精神的な病などがあげられる。この背景は、ストレス社会、高齢化社会、食生活の乱れなどの日本社会に起因する影響が大きいのだろうが、これらを改善するためには、新鮮で安全な身体によい食事を摂ること、適度な運動を行うこと、ストレスのない環境で休養することなど、常日頃の予防的な生活習慣や行動が必要とされている。そんな状況のなかで、これらの要素を満たす農村に次第に目が向かうようになっているようだ。

ちなみに農林水産省は、農業や農村が国民の生活にさまざまな恵みをもたらしていることを、「農業農村の多面的機能」と呼んでいる。たとえば、水田はコメを生産するのみならず、雨水を一時的に貯め、洪水を防ぎ、多様な生き物を育んでいる。また、農村の澄んだ空、きれいな水、美しい緑は、人々に安心を与え、精神を癒やすなどの保健休養の機能があり、その金額としての評価額は、一年間に約二兆四〇〇〇億円の価値を提供しているとしている。さらに、農作業を実践することの医療活動としての評価も公表している。世界のなかでもトップレベルの「超」高齢化社会に向かいつつある日本。さらに、経済のグローバル化の競争社会のなかで、強いストレスにさらされる生活を送ることになった日本人。そんな状況のもとで、日本人の身体と心のケアをサポートする新たなスタイルが求められ、農業農村の持つ多面的な機能が注目されるようになってきたのだろうと思う。

そのような背景で、農村と企業を結びつける全国運動が始まった。企業で働く人々の身体と心の健康を、農村で回復するといった主旨の活動だ。最近の企業が抱える課題として、社員の活力低下（うつ病）や、触覚や味覚など五感の感度が低下するといったことがある。そこで企業で働く人々の健康が回復するような事業を、農村で展開していこうということになったのである。

この運動の名称は「一村一社運動」である。この一村一社運動は、三つの事業で構成されている。一つめは「農村と企業のマッチング」である。企業と連携して新たな地域作りを行ってみようという思いを持つ農村地域と企業とのマッチングを行うのである。二つめの名称は「元気道場」である。企業と農村のマッチングができた地域で、企業で働く人々の身体と心の回復を目指す拠点を農村に設けるのである。そして三つめが「人材育成」である。すなわち、農村起業家の育成である。企業と農村を結びつけ、新しい地域作りができる人材を育てていくものである。

もしこの運動が全国に展開できたならば、農村の抱える耕作放棄地問題、人口減少による集落消滅の危機といった課題解決の糸口もみえてくるかもしれない。また企業の抱える身体と心の健康面での課題も緩和されるかもしれない。二〇一三年一二月、東京霞が関でこの運動の立ち上げ式も行われた。現在、一村一社運動においては、意欲的な農村地域を一村一社運動のモデル地域に設定し、企業の受け入れコーディネートができる人材や組織を育成し、企業との連携事業ができる基盤を作っている。今後の展開に乞うご期待である。

4　問題意識の根っこ

高度経済成長、そしてバブル崩壊後

ここで自己紹介をさせて頂く。現在、私は山梨の農村地域に暮らしているが、もともとは山梨の出身者ではなく、一九九五年に東京から移り住んできた都会からの移住者である。この地に移住する前は、東京で銀行、信用金庫などの金融機関を顧客とする経営コンサルタントの仕事をしていた。一九九〇年ごろ、日経平均株価が四万円を突破するのではなどと騒がれたバブル期があり、その後、株価や不動産価格は下落してバブル経済が崩壊。私は、この延長上で「おそらく日本の地域経済やコミュニティはがたがたになる」との危機感を深めていった。というのも、そもそも日本経済の軌跡をたどれば、都市の成長に対して地域経済はいつも従属的で、しかもそのいびつさは徐々に大きくなっているという実感があったからだ。

戦後、日本は貿易立国となり海外に工業製品を輸出することや、国内の旺盛な需要に応える形で大量生産できる体制を整え、高度経済成長を達成した。地方はそうした労働者と

工場の土地、食糧の供給基地となった（後に詳しく紹介するが、もともと私は、長野県に生まれ育ち、子供心に農村での人々の暮らし方が、そのころ急激に変化していく様子を感じていた）。

その後、金融緩和でバブル期を迎え、資産膨張効果とあわせて内需につなげ経済成長を図ったときは、地方に多くのゴルフ場やリゾートホテルができた。しかし結局、不良債権問題も発生し、それらは破綻。バブル経済崩壊後の景気対策として大規模な公共事業投資が行われたが、思うように景気は回復しなかった。税収も伸びず、結果、国のみならず地方の財政も悪化させることとなった。しかも地方経済を下支えしたその公共事業投資も、国や地方の財政の悪化で減少を続け、地方経済を衰退させる要因ともなった。

一方で、バブル経済を経過することによって企業経営は高コスト体質になり、経済が停滞するなかで、企業はコストダウンを迫られた。その対策が、リストラと工場の海外移転だった。おりしも、中国の経済発展にエンジンがかかり始めたころであった。結果、国内産業は空洞化し始め、高度経済成長期に立地した地方の工場などの海外移転も始まった。それが雇用問題を引き起こし、地方経済はさらに衰退していった。私は、東京で経営コンサルタントの仕事をしながら、バブル経済崩壊のなかで、これから地域社会にとって有益となる何かが必要とされるだろうと強く思うようになった。なぜなら、この先、日本経済を支えてきた製造業などが、新興国との競争で優位性を保てなくなるなか、下請け企業の多い地方は、安定的な雇用が危うくなることは目にみえているからだ。さらに、超高齢化の社会に向かうなか、当然のことながら社会保障費は増加し、我が国の財政は厳しくならざるをえない。そうなれば、地方に回る地方交付税なども縮小されるだろうし、そもそも自主財源の乏しい地方の財政はひっ迫してくることは必至だからだ。

ところで今、私は一九九五年に東京から山梨に移住してきたと書いたが、もともとは長野の農村の出身である。長野で生まれ、高校を卒業するまでは長野の農村に暮らしていた。ここで、今の活動の根っこともなっている子供のころの長野での経験と、そのなかで感じた思いを紹介したい。

私は一九六一年、長野県の南部、下伊那郡のある町で生まれた。一九六〇年代の日本は、高度経済成長の真っ最中だった。高度成長の影響は都市部だけではなく、農村部にもはっきり現れていた。六〇年代後半から工場がたくさんできるようになり、それらの多くは大企業の下請け工場だった。七〇年ころからは精密機械の下請け工場が次々に進出してきた。工場ができた結果、農村の生活にも少しずつ変化が生じた。我が家は、専業農家ではないが、生活のベースは自給自足的かつ地産地消的であった。自給のための畑があり、味噌も自前で作っていた。コメや果樹は作っていなかったが、親戚農家と融通しあっていた。また、下伊那には「ころ柿」を各家で作る習慣があり、渋柿を軒先につるし、ほどよい甘さになったところで食べるのだが、これも自家用に作っていた。自宅には薪でご飯を炊くかまど、五右衛門風呂、さらに土間には井戸があった。子供のころから私はこうした自給自足的かつ地産地消的な暮らしのなかにいた。

我が家の家計は、この自給的な経済と、現金収入の両方に支えられていた。このような家庭だったが、日本の農村によくあるパターンとして七〇年ぐらいから次のような変化が起こった。町工場が増えてくると、まず母が工場に働きに出るようになった。その結果、自給生活の割合がどんどん減っていった。その方が手っ取り早く現金が入り、手間と時間が省けるからだ。次第に野菜や味噌、ころ柿を作るのをやめるようになった。日本の田舎はどこも同じような風潮だったと思う。母が工場で稼いだお金で、家のかまどをつぶし、五右衛門風呂をつぶし、土間をつぶし、井戸も全部つぶした。その代わり新建材の、シャンデリアがある家に改修された。そのころ東京では２ＤＫとか、２ＬＤＫなどの住宅が流行していたと思う。農村の人たちも、そのような生活様式にあこがれを抱いた。

地域自給的な暮らしのスタイルが農村からだんだん消えていき、工場勤めをする生活スタイルに変わるのを見て、私は直感的に非常に危険だと思った。「これは絶対続かない、いつか破綻するときがくる」と感じた。この直感は現在の活動の根っこになっている。さらに、今の世界や日本の状況を思うとき、いよいよこの危機感が強くなっている。

たんなる働き手ではなく起業家を

バブルが崩壊する局面の一九九〇年代前半当時、金融機関のコンサルティングを行っていた私は、地方は今後、自立を求められるだろうと感じていた。そんな思いを抱きつつ、一九九五年、山梨県北杜市に移住し、それ以来、農村で活用されていない資源を生かす取り組みをしてきた。そのなかで、耕作放棄地や森林資源を活用して商品化し、世に出してきた。そこでつねに気になったことがある。農村には資源が豊かにあるにもかかわらず、活用されない資源がなぜこんなにも増えてしまったのかという点だ。

日本の農村は、少子高齢化で担い手不足だといわれる。それがまずその大きな背景にあるだろう。しかし、減少したとはいえ地域に担い手もいるはずである。ではなぜ、その担い手は農村の資源を「活用する」担い手となりえなかったのだろうか。私は、活用されていない農村の資源を生かすには、働き手としての役割だけでなく、「起業家」としての役割が必要だからだと考えている。農村にある資源を生かして起業をしていく、地域の「起業家」が不足していたからだと思うのだ。さらにいえば、農村では今まで「起業する教育」などもあまりなされてこなかったのだと思う。農村の資源の宝は豊富にあるのだから、農村における起業家としての役割が大いに期待される。この起業家の活躍によって、農村の資源が活用され、それによって新たな雇用の機会にもつながるからだ。

そんな問題意識のもと、私は農村起業家を育てる研修活動も行ってきた。農村資源の価値付けや商品化、ターゲットとするマーケットに販売するビジネスモデル作りなどだ。一〇年以上続けてきたので、これまで研修を受けられた人は全国で五〇〇人以上になった。次に紹介する山梨県南アルプス市の小野隆さんもその一人だ。この小野さんのように、地域の宝を生かした事業を全国各地で実際に始めている人がいる。それによって、地域の資源が活用され、小さな産業が生まれ、雇用も生まれ、地域が元気になってくる。想像してみてほしい。もしも小野さんのような起業家が、その地に誕生していなかったら、新しい産業や雇用や、その地域の新しい芽が生まれなかったことを。

農村起業家の活躍によって地域は変わる

農村起業家の事例として、小野隆さんの活動、山梨県南アルプス市で果樹農家の六次産業化に取り組むＮＰＯ法人「南アルプスファームフィールドトリップ」（以下、「南アルプスＳＦＦＴ」）について紹介しよう。山梨県南アルプス市の地域は、日本第二位の高峰北岳を有する南アルプス連峰からの地層が氾濫堆積し形成された扇状地上にある古くからの果樹園産地である。春はピンクのモモの花に始まり、初夏にはサクランボ狩りの観光地として知られ、スモモの生産量は日本一。モモ・ブドウ・カキ・キウイなど一年を通じていろいろな果物が生産されている。とはいえ、永年作物である果樹は技術の習得に時間がかかるものである。現在、高齢化による遊休農地の増加や贈答果実の消費低迷による収入減など、果樹産地の継承が難しい状況におかれつつある。

このようななか、地域の若手農業者が集まり、地域の農業資源を活用したグリーンツーリズム活動を行うＮＰＯ法人「南アルプスＳＦＦＴ」が設立された。南アルプスＳＦＦＴでは袋掛け・剪定・交配などの農作業体験に加え、乗用草刈り機体験や、焚き火・釜作りから始めるピザ作りなどの食育体験。余剰果実を有効活用した自家収穫果実によるマイジャム作りプログラムなど、季節を通じ楽しめる果樹園ならではのイベントを企画している。

さらに、地域の農産物加工施設を活用して果実を季節のジャムに加工し、その販売を手がけるだけでなく地元の農業者の余剰農産物の加工受託も行っている。未活用資源を利用した新しい特産品の開発を行いながら、地元の商工会をはじめとする地場商工業者と連携したまちづくり活動にも取り組み、「南アルプス山麓桃源郷フルーツプロジェクト」として「農商工連携八八選」にも選ばれている。

その他、秋葉原のメイドさんを遊休農地に呼ぶイベントの企画や、南アルプス市とオーガニックコットンのアパレルメーカーと連携した企業の農園事業、そして東日本大震災で被災した福島の牛を連れてきて「までい牧場」を南アルプスに作るプロジェクトなどを行っている。南アルプスＦＦＴは、農家と地域の住民が生産の場という空間で地域の資源を活かしながら、畑をどう楽しんでもらうかを考えるようになれば地域は大きく変わると確信し、活動を展開しているのである。

この南アルプスＦＦＴの理事長である小野さんに出会ったのは二〇〇三年二月、私が講師を務める山梨県立農業大学校で農業者向けに開催されたグリーンツーリズムの講座においてである。この講座で私は、これからの農業におけるグリーンツーリズムの可能性についいて述べ、グリーンツーリズムを実際に企画してやってみようという内容を提案したのである。小野さんはこの呼びかけに応え、二〇〇三年七月に仲間の農家を誘って三人でグリーンツーリズムのイベントを企画した。このことが将来的にNPO法人南アルプスFFTが誕生するきっかけになったのである。ここで小野さんは仲間とともに持ち回りで、ぶどう狩りやサクランボのジャム作りなど、自らの果樹園をフィールドにさまざまなグリーンツーリズムのイベントを開催した。

当初小野さんは、グリーンツーリズムに来てくれた都会のお客さんに、果樹農家として栽培した果物を買ってもらうことをビジネスとして期待していた。しかし、グリーンツーリズムのイベントを実施するにつれ、農家のライフスタイル、地域の文化や伝統といった地域にあるさまざまな資源を組みあわせて、商品やサービスを仕立て上げコーディネートすること、その能力を高めていく大切さを学んでいったのである。

ジャム作りのイベントの後、小野さんは仲間の農家に呼びかけ、自分たちのB級サクランボを集めて、農家の女性グループに頼んでサクランボジャムに加工してもらった。するとワンシーズンで三五〇〇瓶のジャムの注文となった。翌年からは自分たちでパート職員を集め、南アルプスFFT主導でジャムの委託加工を始めることを考えたのである。

法人化にあたっては「えがおつなげて」のアドバイスのもと、一般の法人より非営利組織であるＮＰＯがジャムを作る方が委託にくる農家に安心感を与えることができること、地域にある農産物加工施設を借りるなど行政や住民関係者等のネットワーク、連携のメリットがあることなどを考慮し、二〇〇五年六月に「南アルプスＦＦＴ」としてＮＰＯ法人を設立した。翌二〇〇六年からは地元南アルプス市の商工会とフルーツプロジェクトを始め、果物狩りとジャム作り体験とフルーツづくしのランチメニューを提供する着地型観光メニュー「完熟フルーツこだわり探訪」といった地域の農家と連携したフルーツ交流の着地型観光をＮＰＯ主導で行っている。

このように、はじめは講師と生徒としての出会いで始まった関係だが、現在は南アルプスＦＦＴと「えがおつなげて」は地域をまたいだ連携という形でさまざまな事業を実施しているのである。

「えがおつなげて」が二〇〇八年より農林水産省の委託を受けて実施した「田舎で働き隊」事業では、「日本へ帰ろう」をキャッチフレーズに都市と農村の交流を進めることを目的に、首都圏とその周辺の山梨、長野、茨城、栃木、群馬の五県の各拠点に、研修生一〇〇名を受け入れ、農業、林業、森林酪農、古民家再生、村おこしなどの体験を通じた研修を行った。この事業で南アルプスＦＦＴは「果樹園で仕事を遊ぶ」をテーマに地域資源の商品化や果樹畑のワークショップ、また、果樹栽培・農産加工スキルと果樹型グリーンツーリズムスキルを学ぶ場としての研修生の受け入れ拠点となり、都市の若者に対して、インターン研修の受け入れを行った。その後も「えがおつなげて」が二〇一〇年に内閣府から委託を受けた「えがお大学院」事業では農村インターン事業での就農希望者や将来起業意思を持つ人たちに対して農業、農産加工の研修を実施すると同時に、起業家支援コースでは、小野さん自身が起業家支援コンサルタントとして農商工連携事業の専門家として社会起業家の支援を行った。

南アルプスＦＦＴでは、「えがおつなげて」の行う都市農村交流事業モデルを、自らの地域の資源を活かし地域にあった形で展開してきた。この先進事例に学び自らの地域資源を活用し応用するという手法は、全国でも通用するモデルではないだろうか。

さて、農村起業家としての小野さんの活動を紹介したところで、農村起業家にはどんな人が向いているのか、今までの私の経験もふまえて、ここで少し考えてみたい。私は、農村起業を行う場所は、農村のみならず都会でも可能だと考えている。都市部で農村資源を使った商品の販売などを手掛けてもよいのだ。農村資源を活用した事業を、自分に合った起業の場所を選んで行えば、起業の可能性が広がるに違いない。私がサポートした起業家にも、都会の駅近くに農産物を販売する小さなファーマーズマーケットをオープンし、起業を果たした若者もいた。

また、「起業するには、ビジネスへの資質に向き不向きがあるのではないだろうか」との質問もよく受ける。当然、起業なのだから、ビジネス感覚や経営感覚が必要なことは確かである。しかし、私が今まで起業家を支援してきた経験のなかでは、ビジネス感覚がほとんどないような人でも、起業を成功させているケースが結構ある。彼らの共通点は、非常に強い思いを持っている人たちだ。自分の暮らす農村の活性化のためになんとかしたいというような強烈な思いがあると、ビジネスセンスの不足を補ってしまうのだろう。強烈な思いと行動が社会的な共感を呼びおこし、その人の周りに経営資源を引き寄せてしまうのだろうと思う。

最近は、インターネットの普及によって、農村での起業がとても容易になってきた。私は一九九五年に東京から山梨の農村に移住し起業したが、そのころはまだインターネットはなく、たとえば、農村から都市に向けての情報発信は、情報のデータをフロッピーディスクに保存して、東京などの事業相手に郵送するなどという、今では考えられないやり方をしていた。そのころと比べると、農村からの情報発信の条件は格段に向上した。今ではインターネットを使ったホームページ、電子メールや、ツイッター、フェイスブックなどのソーシャル・ネットワーキング・サービス、さらにテレビ会議などのＩＴ環境が一般化し、都会と農村における情報格差はなくなってきた。農村での起業におけるこの環境変化はとても大きいと思う。また現在、六次産業化がブームである。このブームは農村だけに限らず、都市部でも関心を持っている人や企業は多い。こんなことを考えあわせて思うとき、農村起業のチャンスは、一昔前とは大きく異なり、さまざまな人に開かれているのだろうと思う。

5　農村の未来

日本の田舎は宝の山

私は、日本の田舎の資源は「宝」だと思っている。この思いは、農村に暮らす人なら誰にでも通じるものだと思う。私は、この宝の資源が上手に活用されたなら、一〇兆円ぐらいの国内産業が創出されるだろうと思っている。なぜなら、それぐらいの資源の蓄積があるからだ。世界の先進国のなかで第二位の森林率を誇る森林資源、四〇万ヘクタールにもなる耕作放棄地、地球一〇周分に匹敵する農業用水路、四季折々の美しい農村の自然景観、農村地域の暮らしのなかで育まれた豊かな食文化。みな、すばらしい宝の資源だ。ただ残念なことに、これらの資源が有効に活用されていない。しかし、もしもこれらの農村の資源に価値が与えられ、新しい商品となり有効に活用されたならば、一〇兆円という規模も不可能ではないのである。私が考える農村資源を活用した一〇兆円産業とその内訳は、以下の通りである。

① 「六次産業化」による農業（三兆円）。
② 農村での観光交流（二兆円）。
③ 森林資源の林業、建築、不動産等への活用（二兆円）。
④ 農村にある自然エネルギー（二兆円）。
⑤ ソフト産業と農村資源活用の連携：情報、教育、健康、福祉、IT、メディア（一兆円）。

私は、この五つの分野が、日本の農村の資源特性から考えて、有望な産業分野と考えている。また、森林、農地、自然環境などを活かす一〇兆円規模の産業が創出されることで、一〇〇万人の雇用創出が可能だと考えている。本章の前半で、そのうちの「森林資源の林業、建築、不動産等」への活用の一例として、三菱地所グループと連携して進めているプロジェクトを紹介させて頂いた。

この五分野のうち、近年大きな関心を集めているのが、農業の六次産業化である。念のため説明をすると、六次産業化とは第一次産業である農林漁業に、第二次産業である加工・製造などを加え、さらに第三次産業としてのサービス分野を掛けあわせて、一×二×三＝六で、六次産業を起こしていこうという考え方である。現在、この六次産業化は農村だけでなく、都会でも大変なブームとなっている。

さらに、突然降ってわいたようにもう一つのブームが巻き起こっている。自然エネルギーの分野である。二〇一二年七月、再生可能エネルギーの電力固定買取制度が始まった。太陽光発電、小水力発電、バイオマス発電、地熱発電など再生可能エネルギーの電力を固定価格で電力会社に購入してもらう制度である。お気づきだと思うが、こうした発電の適地の多くは農村地域にある。太陽光発電を設置するためには日射量の多い、まとまった広い土地が必要である。農村には日当たりのいい遊休地がたくさんある。小水力発電においいても、無数の河川、農業用水路がある。バイオマスにおいても未利用の間伐材をはじめ、相当量の未利用資源がある。この固定買取制度が始まったことによって、農村での自然エネルギー事業が、にわかに脚光を浴びることとなった。こうした六次産業化と自然エネルギーを含む五つの農村起業分野は、今後さらに重要になっていくことだろう。

今後高まる農業・農村の価値とは

私が今から三年前に書いた『日本の田舎は宝の山』という本が二〇一三年、韓国で翻訳出版された。この本の内容は、日本の農村資源の豊かさを私自身の活動を通して紹介したものだ。また、日本の農村資源が有効活用されたならば一〇兆円規模の産業が創出されるだろうと、この本のなかでも紹介した。

その二〇一三年の春、韓国での翻訳出版を記念して、ソウルをはじめとする韓国の四都市で講演を行ってきた。講演を通して、いくつか気がついた点があったので紹介したい。

一つめは、韓国でも農村での起業に関心が高まってきているという点である。韓国の農村にある豊かな資源を使って起業をしようという方が増えているようだった。そのことは、講演後の質疑応答の時間で理解できた。質疑応答の時間を過ぎても、とても熱心な多くの質問をもらったからだ。そのときの質問内容をいくつか紹介する。「都会から農村に移住して農業などを行う場合、農村のコミュニティに溶け込んでいくことは重要だと思うが、どうしたらよいか」「農村の資源を活用した事業を行う場合、都市のマーケットとどうやってつなげていくのか」等々、このような質問を会場のみなさんから次々ともらった。とても具体的な質問内容で驚いた。具体的なのは、きっと農村での起業を具体的に考えているからなのだと思う。

二つめは、都市から農村への移住、また農業の六次産業化のトレンドが確実に起きている点である。講演を行った場所は、ソウルなどの大都市、また農村部を周辺に抱える地方都市、両方で行ったのだが、大都市で講演を行った際は、参加者の農村への移住の関心の高さを強く感じる一方で、農村部を周辺に抱える地方都市では、六次産業化への関心がとても高いことを感じた。そしてこの状況は、日本と一緒ではないかと感じたのである。それもそのはず、日本も韓国も農村の置かれている状況は酷似しているのだ。両国ともに、農村は過疎高齢化し、農村の担い手は不足し、農村経済は衰退の一途をたどっている。そんな一方で、これもまた両国ともに、都市部の労働者においては、経済のグローバル化の影響を受け、経済社会の競争が激しくなり、勝ち組負け組といった経済格差の問題が生じている。また両国の食糧の自給率は、世界でも最低のレベルとなってしまっている。そんな共通の社会的背景があるのである。そんな背景のもと、農村の経済の再生に向けた取り組みとして六次産業化が注目されているのだろう。また、新しいライフスタイルとして、都市から農村への移住も始まっているのだろうと思う。

私は、今後これらの農村の課題と潮流は、アジア全体に広がっていく可能性が高いと思っている。日本がかつてそうだったように工業化が進む結果として、これらの課題が発生するからだ。そんなことを考えあわせると、日本でのこの分野の取り組みの意味も、より理解できるのではないだろうか。

世界規模のリスク

今、地域に大きな影響を及ぼす、社会を不安定にするリスクが世界と日本に横たわっている。一つは、経済のリスク。リーマンショック以降、アメリカ、ＥＵの欧米諸国の経済危機はいまだに深刻である。また、中国やその他新興国も、主な輸出先である欧米諸国の経済危機の影響もあり、経済成長に急ブレーキがかかっている状況である。私は、一九九〇年代のバブル経済の崩壊局面において、金融機関のコンサルタントとしてその崩壊の姿を見てきたが、今、世界はリーマンショック以降、日本が経験したバブル崩壊を何倍もの規模で経験している気がしてならない。

また、国内においては、不景気の原因をデフレ・円高とみなし、デフレ脱却、インフレ誘導、大胆な金融緩和に取り組んでいる。目下、株高・円安に盛り上がっているようにみえるが、それは一部のミニバブル現象に終わり、思ったほどの景気回復にはつながらないのではないか。地域に暮らす者にとっては、石油などのエネルギー、穀物など輸入食糧の値上げといった生活コストの上昇リスクが危惧されるところだ。

さらに、気象のリスク。数年前アメリカでは、国土の半分以上の面積が干ばつの被害を受け、その影響でトウモロコシなど農産物の収穫量が大きく減産した。その減産量は約四〇〇〇万トン。この量は、日本全体の一年間のコメの収穫量の四～五年分に匹敵する量である。一方で、日本のトウモロコシの自給率は〇パーセント。年間一〇〇〇万トン以上をアメリカなどからの輸入に頼っている状況である。また近年の干ばつの被害は、アメリカだけでなく、オーストラリア、ロシアなどでも頻発している。現に今から約三年前、ロシアでは小麦の収穫が干ばつにより大打撃を受け、輸出禁止措置がとられたことがあった。また、干ばつにとどまらず、世界各地で洪水なども発生し、地球上での異常気象が農業生産に与える影響も危惧されている状況である。

ＴＰＰと里山資本主義の先を見つめる

その他のリスクとしては、中東、極東地域などでの国際紛争のリスクもあげられる。世界がグローバル化した現在、人も、ものも、金も、世界中で動き回るなか、日本でもこの世界のリスクの影響から逃れることはできない。その影響は、経済・雇用に始まり、食糧やエネルギー資源、さらに安全保障の問題にまでおよぶ危険性すらあるかもしれない。このような状況において、私は、国内の人やものやお金の循環を高め、地域の足元を固めておくことが重要と考えている。日本は小さな島国だが、人口規模のランキングにおいては、世界第一〇位。ＧＤＰは世界第三位、そのなかで個人消費の割合が六割を占める国だ。また日本の大都市圏の人口は、二〇〇五年の総務省の国勢調査に依れば、約八〇〇〇万人という規模である。大都市圏は、総じて自給率が低い。一方、日本の農村には未活用の農地、森林、エネルギー、自然等の資源が多く存在する。これら農村資源を都市の需要に応える国内循環の形に築いておくことが、現在の世界的なリスクに対処するセーフティネットになるのではないだろうかと思っている。

二〇一四年の秋、世界の社会起業家をネットワーク化しているアショカ財団のアショカフェローに認定された。アショカ財団は、世界最大のソーシャル・アントレプレナー（社会起業家）のネットワークであり、アメリカワシントンの本部と世界三四カ国に運営支部を持つ組織だ。アショカ財団に認定されたアショカフェローは、世界に約三〇〇〇人がいるとのこと。今後は、このアショカ財団のネットワークとも連携しながら、都市と農村をつなぐ「えがおつなげて」の活動を、アジアを中心とした世界で展開することも計画している。

第2章　耕作放棄地の再生から「自産自消」の社会へ

――「マイファーム」の挑戦――

西辻一真

西辻一真
（にしつじ　かずま）

1982年，福井県生まれ。
株式会社マイファーム代表取締役。

京都大学農学部資源生物科学科卒業。株式会社ネクスウェイを経て，2007年，株式会社マイファームを設立。全国の耕作放棄地再生のビジネスに取り組む。2010年，農林水産省政策審議委員。東日本大震災後は宮城県を拠点とし東北の農業再生に尽力，株式会社マイファーム宮城亘理農場代表を務めている。著書に『マイファーム　荒地からの挑戦』（学芸出版社，2012年）。

1　進むべき場所へ

母の家庭菜園

京都で「マイファーム」という会社が誕生したのは二〇〇七年のことである。設立した当時、私は二五歳。この会社は「耕作放棄地の再生」と「自分で作って自分で食べられる社会」を目指す、いわゆるベンチャー企業である。

そのマイファームの取り組みを紹介する前に、農業を、土を愛してやまない自分の原点について述べるところから始めたい。

私の故郷は福井県である。生まれてから小学校に入るまでは坂井市三国町、それから大学進学までは福井市灯明寺町という所ですごしてきた。

家の裏庭には母の家庭菜園があった。私は物心ついたころから母の野菜作りを手伝い、ダイコン・ニンジン・ミニトマト・サツマイモなどを教わりながら作っていた。小学生のころには、ただ母のやり方を真似るだけでは飽き足らず、より大きな野菜を作ってやろうという競争心も芽生えてきた。菜園を畝で分けて「自分の畑」を作り、子供なりに仮説を

図1　幼いころの筆者

立て、さまざまな工夫をしたものだ。日当たりや水はけを考え、肥料の量を調整し……数カ月後には結果が作物となって現れる。母の作ったものより大きく育ったもの、予想よりも実がつかなかったもの、腐ってダメになってしまったもの、さまざまだった。

マイファームの役員である谷則男さんから、後に「農業は考える力を養う最高の教材」という言葉を教わったが、まさにこの言葉の通り、私は体験を通して将来につながる「何か」を感覚的に身につけていたのかもしれない。

作物が育つには時間がかかる。人はそれを待つしかない。ただ、さまざまな工夫をしながら、その待つ時間を有意義なものにすることができるのである。夏は雑草が生えるのが早いので、雑草が種をこぼす前にこまめに取り除く。冬は土の温度が下がるので、稲わらを敷いておく。また植えている作物の虫除けになるので、別の匂いを発する植物、たとえばレモンバームなどを隣に植えておく、などなど。

こうした工夫をしなくても、種さえ蒔けば芽は出るものである。しかしそれでは収穫に至らなかったり、工夫した場合と比べて明らかに見劣りのする作物ができたり、結果においてはっきりとした差がつく。努力のプロセス、そして結果、すべてが目にみえる形で現れるところが農業のおもしろさの一つであると思う。そして、それは小さな子供も夢中になるおもしろさなのだ。

福井平野の光景

農に関わる仕事をしている今の自分につながる道を歩み始めたのは、高校生のころになる。

私の通っていた藤島高校は、福井市内にある県立高校だ。家から学校まで、福井平野を南下するその途中、目に映るのはススキやセイタカアワダチソウといった背丈の高い雑草が生い茂り、荒れ放題になった田んぼや畑だった。しかもそういった土地は、あちこちで増えているように感じられた。

それは、とても不思議な気持ちにさせられる光景だった。

畑は、小さいころに野菜作りの楽しさを教えてくれた、すてきな時間を生み出すことのできる場所であるはずだ。それが使われることなく放置されているのを見るのは、私にとって、とてもやりきれない気持ちになるものだった。

耕作地であるということは、食料を得るために、本来自然であった場所を借りて、人がそこを開墾したということである。かつては誰かが耕していた場所が、今の人には耕せないということなのか？　自分の土地でもないのに「負けた」ような感じがして、くやしさを覚えた。そしてそれらの田畑がなぜ使われないのか疑問に思いながら、私は毎日その近道である土地を横切って学校に通っていた。

背景には、食糧管理法が廃止されて食糧法に切り替わったことや、減反政策が強化されたことがある。減反政策とは、コメの価格調整のために政府がコメの生産量を制限する政策である。もしコメがあちこちで作られ生産量が増えすぎると、価格競争が激しくなり、値崩れしてしまう。それを防ぐために政府は田んぼでコメ作りをする代わりにダイズやムギなどを作る「転作」を推奨したというわけだ。しかし、コメ以外の作物を大量生産するノウハウを持たない人たちは、採算がとれないという理由でそのまま田んぼを放置せざるをえなくなった。

学校の先生に質問したり、自分でもいろいろと調べてみたりして、こうした背景を知った。人が生きていくためには食べ物が必要で、その食べ物を作るためには農業が不可欠だ。

なのに農業のための土地をあえて使わず放置するという選択は、おかしいと直感的に感じた。これでは土地を開墾した先人と、何より自然への感謝を欠いている。なんとか農家の人たちが儲かって、生計を立ててやっていけるようにはできないものだろうか。

疑問を母にぶつけ、いろいろと話し合うなかで、バイオテクノロジーの研究をするという道がみえてきた。将来、福井の地域おこしにつながるような新しい野菜を作ることができたらおもしろい。そう考えて、大学は農学部に進むことにした。

研究生活への疑問

大学ではダイズの品種改良の研究に取り組んだ。ダイズだけでなく、モモやカキ、イネなど、あらゆる作物を育てた。このころの経験は、マイファームにおける野菜作りの指導などにとても役立っている。

研究のなかで一定の成果も上がった。サポニンという、ガンやエイズの治療に効果があるといわれている物質が通常よりもはるかに多く含まれるダイズができたのだ。

しかしさらに研究を進めていくと、この品種は長野県のある地域、つまりごく限られた気候条件を持つ場所でしか育てられないということがわかってきた。しかもこの品種を世に出すには、登録の手続きを経なければならない。新たな品種ができたといっても、それが社会で実用化されるまでの道のりはとても長い。自分が生きている間に叶うかどうかも怪しいほどなのだ。次第に研究を続けていくことへの疑問がわき始めた。

もともとあった問題意識は、すでに述べたように、福井の農業をなんとかしたいというものである。そのために農家の人たちが儲かるような技術を開発したかったはずなのに、これでは農家の現場からあまりにも遠いのではないかと思い、悩んでいた。

そんななか、私に新たな価値観がもたらされた。大学の授業で、世界の食料に関するあるレポートを読んだときのことである。そこには次のような内容が書いてあった。

① 世界の人口は増加の一途を辿り、今後もその勢いが衰えることはない。
② そのため、食料危機に陥らぬよう食料を増やすことが必須だ。
③ しかし、食料を生産する人の数は減少している。
④ よって、生産性・効率性を上げるために品種改良をしていかなければならない。

以上のことから品種改良が重要であるという結論だったのだが、これを読んで私は「過度な品種改良技術は本当に必要なのか」という疑問を抱いた。むしろ重要なのは、③の項目にある食料を生産する人の減少をなんとかすることではないだろうか。つまり生産性の高い作物の開発ではなく、作物を生産する人作りが先決なのではないか。

これは自分のなかで、パラダイムシフトが起こった瞬間だった。それまで農業とは農作物そのものを作ることだとばかり考えていたが、それだけでは日本の農業の未来は開けてこないのではないか。

ちょうどそのころ、世間ではいわゆるロハスブームが到来していた。「ロハス」というのは健康的で持続可能なライフスタイルのことである。都会の人たちの間で、週末に人里離れた場所で自然に触れるような生き方に対する憧れが生まれていた。

そこであるアイデアが舞い降りたのだ。耕作放棄地を、そういう人たちが農を楽しむ場にすればいいのではないか。野菜を作ることではなく、農を楽しむ人々を生み出す「仕組み」を作ることで、日本の農の現状が変わるのではないかと考えた。

こういった取り組みは、そのころはまだなかった。原因は「農地法」という法律にある。これは、食料生産の場である農地が無断で宅地など別の用途に転用されて食料自給に影響をおよぼすようなことがないようにするための法律で、ここで「農地はその耕作者みずからが所有することがもっとも適当である」と定められている。つまり、別の人に農地を貸して使ってもらうことができないということだ。二〇〇九年に農地法が改正されるまで、農地を借りてビジネスをするということは非常に難しく、遊休地は遊休地のまま放置されるしかなかったというわけだ。

なんとか法に抵触しない形でビジネスを成立させる方法はないだろうか。大学図書館に通って農地法に関する本を読み漁り徹底的に調べ上げた結果、一つの方法が見出された。土地の所有者が農地を貸すのではなく、所有者が農業経営の一環として利用者に農作業を体験してもらうというやり方だ。これは「農園利用方式」と呼ばれており、法律の壁もクリアできる。そして集客や集金、農地の管理など、運営のもろもろな面倒を引き受けるサービスを行う会社を作ればいいと考えた。

広告業界へ就職

都市部に住む人たちが農を楽しむ農園を作り、耕作放棄地を活用する仕組みにする。そのために起業する。在学中にこの方針は定まった。ただ、ここでいきなり農業の世界に飛び込んで何かをしようというには、準備が不十分だとも考えた。

そのときもう一つ、私が考えていたことは、日本の農業には「情報の発信力」が足りないのではないかということだった。食や農といった事柄に関心を持つ人たちは増えているのに、そういう人たちに対して農家の方から魅力を十分にアピールすることができていないのではないか。その部分を自分が担うことができないかということで、まずは広告とＩＴの技術を身につけようと考えた。

それで広告業界を目指して就職活動を始めた。面接の際には馬鹿正直に「三年後には辞めて起業しようと思っています」と伝えていたのでなかなか採用してくれる所はなかったが、縁あって「ネクスウェイ」という会社に就職することになった。

ネクスウェイは、リクルート社のなかのある事業部が独立した会社である。ＷＥＢとＦＡＸを連動させた独自のシステムを使って広告を打つというのが主な業務だった。また、三年以上勤続の社員で起業した人に「卒業祝い」を出す制度もあったと記憶している。

農学部の同級生は、ほとんどが大学院に進学、あるいは国家試験を受けて官僚になったり、ＪＡ（農業協同組合）や金融機関に就職したりしていたので、そのなかで私の進路は異端だった。今でも「道を外したね」といわれることがあるのだが、自分のなかで進むべき道に進んでいるという確信はずっと変わっていない。

ネクスウェイでは、さまざまな情報発信の方法を使い分けることの重要性を学んだ。あるクライアント企業が自社のサービスや商品などを顧客に宣伝したいと考えたとき、ターゲットとする顧客層にその情報をもっとも効果的に届ける方法を、ソフト・ハードの両面から提案しようというわけだ。新規性のある内容ならば、プレスリリースを企業へFAXで送る。FAXの文書にはホームページのURLも記載してホームページ上では動画も配信する。また、商品サンプルをつけた広告をターゲット層の住むエリアにポスティングするなど、一つひとつの案件に対して効果的な方法を考えるのだ。

とくにホームページはアクセス解析による効果測定も容易なうえ、情報発信のみならずネットショップのような商品の売買を行うこともできるので、やはりビジネスには欠かせないツールだと実感した。それで在職中にはウェブの学校にも通い、ホームページの作成や運用などに関する一通りの知識を身につけた。このころ社内外で学んだことは、どれもマイファームでの事業にとても役立っている。

このネクスウェイには、三年は勤めようと思っていた。しかし入社した二〇〇六年から二〇〇七年にかけて、世間ではBSE問題に端を発する牛肉産地偽装事件や鳥インフルエンザ、毒ギョウザ事件など、食の安心・安全を揺るがすような事件が次々と起こっていた。

私は「こうしてはいられない」と感じた。耕作放棄地を使って農をより身近なものにすることは、食の安心・安全にもつながっているはずだ。

葛藤の末、辞表を提出した。社長に呼び出されてひどく怒られたが、農業に対する本気を伝えた。最後はみんなが「がんばって」と送り出してくれた。二〇〇七年三月、わずか半年ほどの在籍だった。

そして起業へ

会社を辞めて、ＩＴ関連の事業を自分で運営できるだけの力をつけるべく動いた。京都市のＩＴベンチャーでインターンとして一カ月修業をし、その後自分でも事業を立ち上げたのだ。ここで立ち上げたのは「株式会社おこし」で、京都の伝統品などをネット販売する事業をはじめ、顧客に主婦層が多かったことを受けて、オリジナル絵本の作成を請け負うといった事業にも手を広げていった。社名は「村おこし」「町おこし」の「おこし」で、眠っているものを発掘したいという思いをこめた名前だ。ここで登記などの手続きの仕方や顧客の集め方、取り扱う商品の増やし方、決算書の書き方など、会社経営に必要な基本的な事項を一つずつ、自分の手でやりながら学ぶことができた。

このころ、起業家として一歩を踏み出した私は、京都市中京区にある比較的安い賃料で入居できる起業家向けオフィスの一角にいた。そこではビルのワンフロアが一部屋七坪ほどのスペースに区切られていて、各部屋で若手起業家たちが働いていた。互いに交流があり、活発にディスカッションも行われるような環境のなか、大学時代から温めてきた体験農園のアイデアは、より具体的なイメージになっていった。「使っていない農地を農園として活用する」という、いわばハード面の構想はできていたのだが、そこへ「誰にどのようなサービスを提供するのか」という、ソフトの部分が次第に肉づけされていった。

とくに、小さな子供を持つ三〇代の親御さんのニーズというものに気づかされた。「週末に子供を土と触れ合う場所へ連れていってやりたい」「安心できる無農薬の野菜を食べさせたい」、子育てのなかで生まれるそういった声に、体験農園のサービスが応えられるのではないか。

また当時のある統計では、貸し農園の市場が約三〇億円であるのに対し、ベランダでの家庭菜園など身近な農園を含めた市場は約四〇〇億円にものぼるとみられていた。潜在的な需要は大きい。すでに存在する限られた市場から脱却し、新たな市場を作ることができれば、そこでトップリーダーとして進むチャンスが得られると考えた。

2　道を切り開く

マイファームのビジョン

こうして体験農園の構想は練られてゆき、二〇〇七年九月、株式会社マイファームは設立された。起業してから半年間ほどは、会社の方針を定める期間だった。なんのために事業をやるのか、換言すればこの事業をやることでどんな社会を目指したいのか。それは冒頭でも述べた、

①　自分で作って自分で食べることができる人を増やす。

②　耕作放棄地の再生。

の二本柱だ。

畑で野菜を自分で育てれば、身近な食料である野菜に関する知識はもちろん、自然の厳しさや農家の人の苦労、とれたての野菜のおいしさ、そして野菜が実るまでに経験する努

力や工夫、忍耐の大切さなどを総体的に学ぶことができる。

そして耕作放棄地を活用してゆく仕組みを作ることは、日本の農業の活性化につながる。

これらの目標の達成のために、三つの段階に分けて事業展開を計画した。

①「趣味」の段階、体験農園事業。

②「週末農業」の段階、マイファームアカデミー事業。

③「就農」の段階、畑師《はたけし》創出事業。

第一ステージは、主に三〇代の子育て世代をターゲットとする体験農園の事業である。この事業では、野菜作りの初心者が教わりながら自分で作物を育てるおもしろさを知っていくことをねらいとしている。

しかし体験農園をやることが最終目的ではない。体験農園を作って利用者を増やしていくことができれば、「自分で作って自分で食べることができる人を増やす」ことはある程度可能だろうが、問題は「耕作放棄地の再生」の方だ。全国各地にある耕作放棄地のすべてが体験農園に適しているわけではない。中山間地や地方にある農地でファミリー向けの体験農園をやっても、利用者を集めることは難しいだろう。体験農園事業で再生できる耕作放棄地は、主に都市部にある農地に限られるというわけだ。

そこで耕作放棄地のさらなる活用法として第二、第三の段階を考えた。第二ステージのマイファームアカデミー事業とは、体験農園で野菜作りのおもしろさに目覚めた人や就農を目指す人たちが、有機農法についてより深く学べる、農業の専門学校というイメージだ。こうした学校は農業に対して強い動機を持った人が来る場所なので、必ずしも都市部に作る必要はない。

そして第三ステージは畑師創出事業である。「畑師」というのは造語で、「地方で農の仕事をする人」という意味をこめたものである。農作物を作ることに限らず、体験農園の運営やアカデミーの講師など、農に関わるさまざまな仕事で耕作放棄地を活用していく人というイメージだ。就農を希望する人に対して、地方の耕作放棄地をコーディネートし、そこを使って仕事をしてもらう。アカデミーで知識と技術を得た人が、農業で生計を立てていけるような仕組みを作りたいと考えた。

大まかにいって、地方へ行けば行くほど休耕地面積は多くなり、農業人口は少なくなる。一方で都市部では、趣味の菜園や週末農業に興味を持つ人口は多いのだが、そういう人た

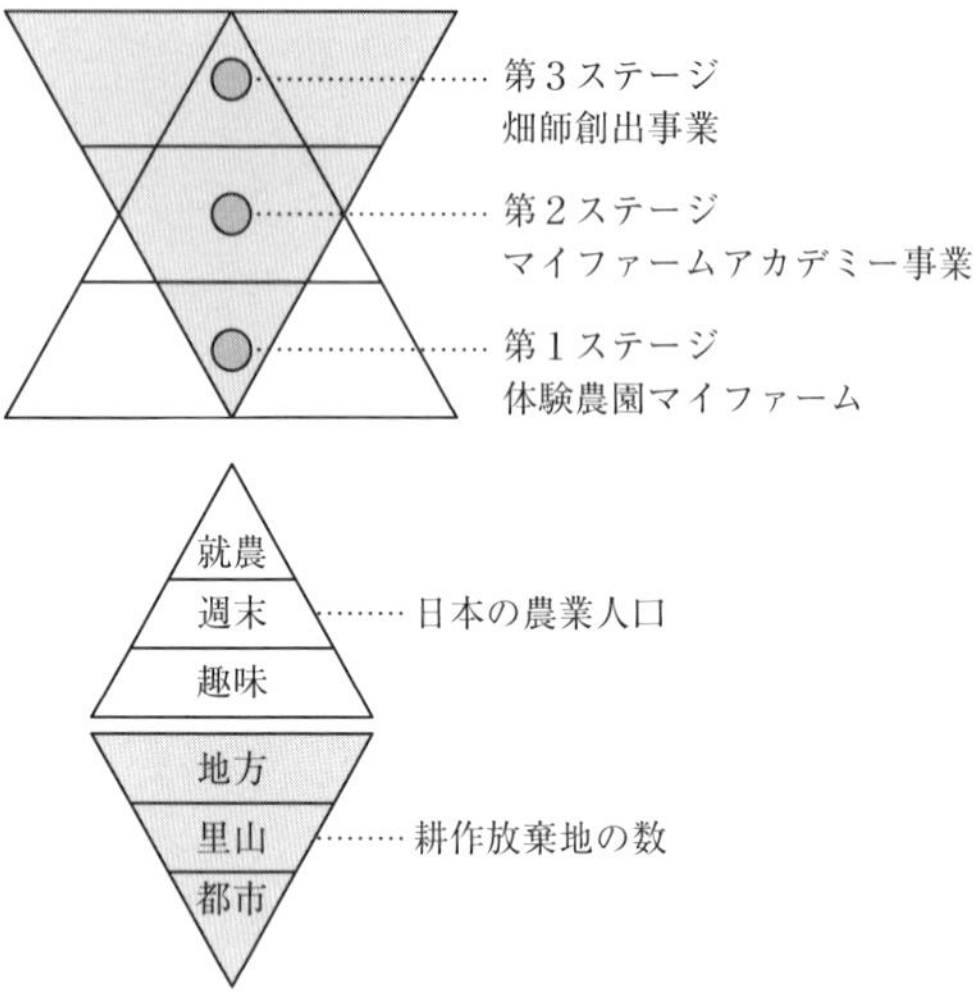

図2　マイファームの理想とする事業展開

ちに向けて開放されている農地は少ない。これをまとめると、図のように、ちょうど三角形を逆に重ね合わせたような形になる。この「人の分布」を「農地の分布」にうまく重ね合わせられるように事業を行っていこうと考えたわけだ。

　企業としてのビジョンを明確にしつつ、マイファームはさっそく第一ステージのスタートに向けて動き出した。

農家との関わり

　まず行ったのは農家への聞き込みである。大学の専門は農学で、農作業の経験もあるものの、私は農家の人間ではない。これまでは、いわば消費者として農業の世界と関わってきたので、農家の側の現状をもっと知っておく必要があると思ったのだ。

聞き込みといってもごくシンプルな方法で、とにかく京都市内を歩き回り、田畑で農作業をしている人を見かけたら声を掛けていった。ときにはスーツで、ときには学生のふりをして、話し方も変えて接していった。すると「年をとって身体の無理がきかなくなってきた」とか「子供は農業をやっていないので畑をそのまま相続させようか迷っている」とか、さまざまな悩みが返ってきた。

そこからは飛び込み営業で、その悩みを解決することができるマイファームのサービスを提案し、使わせてもらえる農地を探そうというもくろみだったのだが、これがなかなかうまくいかなかった。同じように農作業をしている人を見かけては声を掛けていったのだが、話を聞いてくれる農家はほとんどなかった。主に近畿地方の農家を、半年で三〇〇軒は回ったと思う。門前払いだったり、あるいは会ってもらえても「若くて信頼できない」「未熟な人には任せられない」といわれてしまったり。どの人からも、「よくわからない人間に、先祖代々の大切な土地を触らせるわけにはいかない」という拒絶が感じられた。今振り返ると、拒絶されるのも無理はなかったと思う。理不尽な思いもずいぶん味わったが、このときはとにかく手を変え品を変え、ぶつかっていくしかなかったのだ。

ホームページへの問い合わせもなく、農家を訪問しても断られ続ける日々が続いた。この間は「おこし」の収入に助けられていた。どうにか生計を立てるため、マイファームの営業活動とアルバイトとの二重生活で、睡眠時間が二、三時間の日もざらにあった。

そんななか、転機が訪れたのは、ある知人と話していたときのことだった。たまたま彼の義理のお母さんが使っていない畑を持っていることがわかった。しかも彼には、JAの理事をやっている友人がいるという。そこで紹介してもらったのが現在マイファームの取締役に就任している谷則男さんだった。

谷さんはこのとき四五歳。亡くなった父親のあとを二〇代前半で継いで、農家を切り盛りしてきた。農家の組合長といった小さな役から農協総代といった地元を取り仕切る役まで、地域の仕事を一通り経験し、二〇〇一年にはJAの全国農協青年組織協議会会長という政府・与党の幹部とも直接交渉するような職も任された。同じ年の一一月にカタールのドーハで行われたWTO閣僚会議にも農業関係の交渉支援団として参加。二〇〇二年には国際農業生産者連盟の総会に参加し、青年委員会設立に尽力、副委員長に就任した。

そんな全国の農家やJA、農水省とのパイプを持っている谷さんと出会い、マイファームでやろうとしていることを説明し、協力してもらえることになったのだ。谷さんも農業の活性化のため、その知識や人脈を地元で生かす機会がないものか模索していたのだという。そして谷さんは、農家の人に対して話しに行くなら仲立ちする人間が必要だと、自分がその役を買って出ようとも言ってくれた。

谷さんから学んだことは、農家の人との接し方だ。農家の人間は、農家同士ならすぐにうち解けられるが、外部の人間へのガードは堅い。とにかくそのなかで揉まれて付き合い方を少しずつ学んでいくしかないのだという。

それで地元の青年会の飲み会にも招待してもらった。記憶が定かではないが、次々と酒をすすめられ、さんざんに酔っ払うなかで、必死にマイファームの構想を説明した。すると帰り際に応援の言葉をかけてくれる人もいた。農家側の人から理解の言葉を引き出すことができて、このときはとても報われた気持ちになった。

農家の人も耕作放棄地は作りたくないと思っているし、体験農園を営むことで問題が解決するなら、それもいいと思っている。しかし同時に、その体験農園が自分の農地やその近所でなければ……というのも本音なのだという。確かに迷惑駐車やゴミのポイ捨て、共有する農業用水の汚れなど、さまざまなトラブルが予想される。だからこそ、最初の農園で「失敗なくやり遂げられる」ということを示さなければならない。

そのためにもまず農水省や自治体を訪ねてお墨つきをもらっていく必要があると谷さんは言う。その人脈、信用力をフルに使って「外堀を埋める」ところから始めるのだ。

谷さんに取り次いでもらい、マイファームの計画をプレゼンする。すると農水省の人からの反応は上々だった。一方で、ある自治体の農政課で説明したときなどは、なかなかシステムを理解してもらえないということもあった。やはり過去にこうしたシステムが存在せず、前例のないことだったからだろう。しかし、とにかく法律に抵触しないということは理解してもらい、事業が始まっていくことについては認めてもらえた。

こうしてようやく、農園を作るところまでこぎつけた。

開墾作業

いよいよ開墾である。京都市久御山町にある、先の知人の義理のお母さんの土地を訪れた。実は、私は畑の開墾まではしたことがなかったのだが、それでもまずは何事も経験だということで、草刈り用の鎌と鍬《くわ》、レンタルした手押し耕耘機を軽トラックに積んで現地に向かった。広さはおそよ三〇〇坪（一〇〇〇平方メートル）。今でこそ小さく感じてしまうが、そのときはひたすら広大な畑に思えた。

雑草を刈ったり、土に鍬を入れて固く根づいた切り株を取り除いたり、友人も誘い出して何日もかけて草を刈った。それが済むと今度は土を耕す。毎日のように畑に通って作業を繰り返していると、近所の農家の人たちも「何が始まるんだろう」という風な、興味深げなまなざしを向けてくるようになった。なかには声を掛けてくれて、鍬の使い方などを指導してくれる人もいた。

そしてなんとか土を耕し終わり、今度は畑に畝を作ってみたのだが、これがグニャグニャになって、うまくいかない。当然といえば当然で、大きな畑のまっすぐとした畝は、きちんと測量して幅や高さを均一にして作るものだ。しかしこのときは何も知らなかったので四苦八苦していた。

また、土地の持ち主のリクエストで畑の周りに柵を立てることになった。確かにそうすることで、周りの畑と違ってここが農園であることが一目でわかる。この柵もホームセンターで買ってきて、さっそく立てようとしたのだが、上手く立たない。土地がぬかるんでいて、沈んでしまうのだ。

さまざまな試行錯誤を繰り返し、出した結論は、素人だけで土地の整備をすべて行うことは無理だということだった。谷さんに相談して彼の友人である山本雄大《たかひろ》さんを紹介して

図３　第１号，京都久御山農園の風景

もらうことにした。プロの技術と道具で、今にも使えそうな農園がみるみるうちに完成した。以来、マイファームの農園はすべて山本さんにお世話になっている。山本さんはメンテナンスチームの一員として、全国を走り回っている。

こうして二〇〇八年四月、京都久御山農園が誕生した。一区画あたり一五平方メートルで五〇区画。マイファームの記念すべき第一号農園である。

スローガン「自産自消」

農園のオープンと同時進行で、ビジネスコンペへのエントリーにも力を注いでいた。マイファームはまだ無名で小さい会社である。しかも扱っているのは、手に取って見せられる商品ではなく、目に見えないサービスである。この会社の存在を、いかにして世に知らしめていくかを考えた。

ビジネスコンペであれば、まだ実績のない団体であっても、その仕組みや事業に取り組む背景を語ることで、価値を理解してもらうことができる。もし入賞することになれば、今後信頼を得るきっかけにもなる。そういうわけで設立当初から、さまざまなコンペティションに積極的に応募していく方針を決めたのだ。

なかでもNPO法人を対象とする、活動内容の社会的貢献度やアイデアを競い合うコンペを狙っていこうとしていた。マイファームは株式会社であるものの、社会の問題解決を目的としている点はNPOと変わらないということを伝えていこうという戦略だ。

コンペのエントリーシートを書いていくなかで、マイファームの目指す理念を一言で言い表すキャッチコピーはないかという話になった。すでに述べたように、「自分で作って自分で食べることができる人を増やす」「耕作放棄地の再生」というのが、設立当初に立てた目標だが、これを簡潔にまとめることはできないものか。

「自給自足」という言葉があるが、少しイメージが違った。この言葉はやや固くて閉じた印象があるように思われた。マイファームの目指すところは、それほど大変なことではなく、一人一人がもっと気軽に関わってゆけるものだ。「自分で作って自分で食べる」といっても、すべてを自分一人でまかなうべきだと言っているのではなく、足りない野菜はスーパーで買ってきてもかまわないのだ。それでも自分で作ることを知っていれば、市販の野菜に対する見方も変わってくるだろう。ああでもない、こうでもないと議論を重ねるなかで浮かんだフレーズが、現在マイファームのスローガンとして掲げている「自産自消《じさんじしょう》」だった。

結局、そのコンペで賞をもらうことはできなかったのだが、一つの問題提起になったと思っている。ソーシャルビジネスという概念がまだ今ほど浸透していないころだったが、特別な呼び方をしなくても、たんなる営利追求でないビジネスのあり方は普通にあってしかるべきではないだろうか。

その後もさまざまなコンペにエントリーして、少しずつ受賞もするようになった。するとメディアへの露出も増えて注目度も上がる。これにともないホームページへのアクセス数も伸び、問い合わせも増え、結果として広告費用も抑えられる。コンペに出ることとメディア戦略を結びつけたことも、マイファームの短期間での成長につながっていると思う。

第一ステージ

京都久御山農園の告知と集客は、最初はマイファームのホームページだけで行っていた。しかし開園から二カ月の間、反響はゼロ。申し込みはおろか、なんの問い合わせもなかった。やはりいきなりホームページだけで人を集めることは難しい。できたばかりの会社であり、「体験農園」や「市民農園」などのキーワードで検索しても上位にヒットしないので、目につかない。

そこで考えたのは、どこかのメディアに取り上げてもらおうということだ。私はネクスウェイ時代のつてを頼って奔走した。ＦＡＸを使ったプレスリリースをし、商工会議所で記者会見を開く。その結果、地元の新聞社とテレビ局が取材に来てくれることになった。

取材の当日は、近所の人や友人たちが「にぎやかし」にきてくれた。その甲斐もあってか、いくつかの問い合わせの連絡がきて、五組の見学者が農園を実際に訪れてくれることになった。そして五組とも成約してくれることになったのだ。見学に来てくれた五組のうち五組とも成約してくれたことは、農園に足を運んで話を聞いてもらえれば、必ずその魅力をわかってもらえるのだという自信につながった。

残りは四五区画。これを埋めていくには広告が必要だとこのとき痛感した。また今後も農園を増やしていくことを考えてはいたが、それには畑の整備が必要で、畑の整備にはプロの手がどうしても必要である。これも先に述べたように、農園開墾のときに思い知った。つまりこれから先、事業を進めていくための資金が必要なのだ。

そこで、話の持っていき方などもよくわからないまま、五件の成約実績で、融資先を探すため銀行回りを始めた。唯一話を聞いてくれたのは、マイファームが紹介された新聞記事を読んでいた、ある銀行の支店長だった。支店長は私の話を黙って聞いた後、「私としても、あなたたちの考えているビジネスモデルに興味があります。どこまでやれるのか見届けたい。応援しますから、がんばってくださいよ」という暖かい言葉とともに、数百万円の融資を決めてくれたのだ。二六歳で数百万円の保証人となるということで、さすがに印鑑を捺す手が震えたのは忘れられない。

それはともかく、これでもう後には引けない。この資金をもとに広告をどんな風に打っていくか、検討に検討を重ねた。新聞の折り込みチラシ・地元のタウン誌・フリーペーパーなど、ターゲットとするファミリー層の目に付きやすそうな媒体を挙げ、まずはいろいろな所に広告を出して効果測定をすることにした。

売り文句としては「週一回の作業でOK」「農業指導あり」という文言を入れ、初心者向けの農園であることをアピールすることにした。また、野菜作りに関心がある層は、最初に自治体などの市民農園を探していると思われるので、「有機無農薬での野菜作りができます」「農具は用意してあるので、手ぶらでOK」という文言で、自治体との違いを明確に打ち出すことにした。

こうして借りたお金を投じて広告を出した。これでダメなら倒産という、ある意味、賭けに出たわけだが……結果は「勝ち」だった。一カ月、経つか経たないかのうちに問い合わせや申し込みがあちこちからきたのだ。そして二〇〇八年九月には、京都久御山農園のほとんどの区画が埋まった。

サービス業として

体験農園がどのように運営されているか詳しく述べておくと、農地の所有者である農家は農園のオーナーとなり、農園の運営のなかでもとくに難しい部分、つまり畑の管理・野菜作り指導・利用者への対応などをマイファームに作業委託するという契約になる。そしてファームアドバイザー（指導員）と呼ばれるスタッフが週に何回か農園に来ることになっており、野菜作りなどを習いたい利用者には、その日に合わせて農園に来てもらう。

このファームアドバイザーを誰がやるかという点については、現在に至るまで何度かの変遷を経てきている。

体験農園が始まって間もないころは、有機農法についての知識を持つ知人にボランティアとしてファームアドバイザーの役を手伝ってもらっていた。しかし、その後農園が増え始めてきてからは、オーナーのなかでファームアドバイザーを兼ねてもいいと言ってくれる人については、そちらもお願いしていた。

しばらくはこのようにしていたが、途中からは方針を変え、オーナーとファームアドバイザーは分けることにした。農地を所有する農家には、あくまでオーナーという立場で畑に来る利用者と話をしてもらったり、農園のメンテナンスやファームアドバイザーへの指示などをしてもらったりする。そしてファームアドバイザーには、接客業や野菜作りの経験がある一般の人をマイファームで採用するということにしたのだ。

やり方を変えたのには理由がある。ある夏の日、農園に利用者の女性が高いヒールのサンダルに日傘をさしてやってきた。マイファームの農園には、趣味やレジャーの一つとして野菜作りをしにくる人も少なくないので、こうしたスタイルでくる人もたまにいる。しかし、その農園のファームアドバイザーをしてくれていた農家の男性は、これをおもしろく思わなかったようだ。長年農業を生業とし、厳しい気候条件や経済状況にも耐えながら野菜やコメを作り続けてきた彼から見ると、ヒールのサンダルに日傘という女性の姿は「真剣さが足りない」「農業を甘くみている」と映ったのかもしれない。

彼が「じゃあ、鍬《くわ》を使って耕していきましょう」とその女性に指導を始めた。すると彼女は農具置き場から鋤《すき》を持ってきた。「鍬と鋤の違いもわからないのか。農業は遊びじゃないんだ！」と、彼は女性に怒鳴ってしまったので、その場にいた私たちは慌てて仲裁に入った。

農家としての誇りを強く持つ人のなかには、趣味やレジャーとして野菜作りを始める利用者にいらだちを感じる人、あるいは初心者である利用者にこれまで自分が信じてきた作物の育て方を押しつけるような形になってしまう人も少なくないことが、体験農園をやっていくうちにわかってきた。

仕事として農業をすることと、趣味として菜園をやることには大きな違いがあるし、長年プロとしてやってきた農家の人たちが、発想をすぐに切り替えられなかったとしても、それは仕方のないことだと思っている。しかし一方で、「初心者に野菜作りを教える」ということが農家の仕事になりうるのだということにも気づいてほしいという思いもある。

マイファームの体験農園を利用するのは基本的に初心者ばかりである。子供たちを公園に遊びに連れて行くような感覚で体験農園を利用する会員は多い。私たちは、農というものに触れるきっかけはそれで十分だと考えている。なので作業スタイルについて細かく干渉はしない。一人でも多くの人が農園に足を運び、土の感触やおいしい野菜の見分け方・

食べ方を知ってくれることが、まずは「自産自消」の入口として大切なのだと思っているからこそ、この事業をやっているのだ。

そういうわけで初心者の目線で指導ができる人、自分自身も最初は趣味として野菜作りをスタートした人をファームアドバイザーにしたいと考えたのだ。

ファームアドバイザーに限らず、マイファームの仕事はすべて「サービス業」だと、私は思っている。「農業」というよりは、「農」を使ったサービス業であるととらえ、ファームアドバイザーをはじめ、スタッフには研修を行っている。

とくに重視しているのは、コミュニケーション能力である。これは他の仕事にもいえることだが、小さな子供を相手に野菜の作り方を教えるときには、必ずかがんで目線を合わせる。会員が畑にきているときに、その人たちに背を向けて作業に没頭するのはNG。接客のかなり細かい点までわかっている人を基本的に採用するようにしているし、経験がない人に対してはそのような指導を行っている。こうした努力のおかげか、体験農園の年一回の利用更新の際には、実に七割近くもの会員が継続利用してくれている。

ファームアドバイザーの仕事は基本的に拘束時間が週に二、三日程度なので、副業としてやっている人も多い。主婦・デザイナー・役者など、さまざまな職業に携わる人が、空いた時間を使って業務にあたっている。年齢も性別もバラバラで、条件は家庭菜園の経験が一年以上あること、自宅でインターネットができて、ワードやエクセルを使ってパソコンでの入力作業ができることくらいである。

業務内容は、畑の土作りから収穫までの野菜作り全般に関する指導、パソコンでの農園の利用者の状況管理などが中心となる。また月に一度、マイファーム主催の勉強会やミーティングに参加してもらい、GA（技術アドバイザー）・SA（サービスアドバイザー）と呼ばれるマイファームの社員と業務連絡や相談などをしてもらう。

ところで、誤解を受けやすい点なのだがファームアドバイザーは各利用者の畑の作物の世話自体にはタッチしない。自分の作物の水やりなどは、利用者が自分で行うのが原則である。だからたとえば、畑で作物が実っていても本人が収穫に来ない限りは、ファームアドバイザーが手を出してはいけないことになっている。もし誰も世話をしに来ないなら、残念ながら作物はそのまま枯れていくことになる。もったいないことだが、あえてこうしている。畑に足しげく通ってこまめに世話をしている人と、ほとんど畑に通わない人の作物のできが同じになってしまっては意味がないからだ。

自然はこちらの都合で待っていてはくれない。だからこそ継続的に面倒を見ていくことで、はじめておいしい野菜が食べられる。八百屋やスーパーに並んでいる野菜は、どれも農家の人たちがこうした苦労をしながら育てているのだということを、一人ひとりに実感してもらいたいと思っている。

初期のころには「おまかせプラン」といって、すべての野菜の世話をファームアドバイザーが行うというプランもあったのだが、「自産自消」の理念から外れるということで廃止した。この「おまかせプラン」のようなサービスを提供している別の農園があるようだが、それは一つのあり方として、とてもよいことだと思う。

やむをえない事情で畑に行けなくなってしまったときなど、例外的な場合についてはもちろん柔軟に対応することが可能だ。しかし基本的には、ファームアドバイザーは利用者のアドバイスに徹するというスタンスであって、代わりに農作業を行う存在ではないのだ。

畑に行きたくなる仕掛け

二〇一〇年から、NECとNTTドコモの協力により農園にウェブカメラを設置し、自宅のパソコンから畑の作物の生育状況などを知ることができるシステムを導入した。このような技術を、畑を楽しむためのツールとして活用しながら、独自のサービスを展開していきたいと考えている。

ウェブカメラの設置のほかにも、畑に行きたくなる仕掛けをいくつかしている。大きなものでは、畑で行うイベントがある。毎年一二月には「収穫祭」といって、それぞれの畑で採れた野菜や自作の料理を持ち寄り、鍋やバーベキューをやって利用者同士の親睦を深める機会がある。

この収穫祭は、はじめはマイファームのスタッフが間に入って会話の糸口を引き出したりもするのだが、結局いつもあっという間に盛り上がる。収穫物を手に野菜談義に花が咲き、うち解けた雰囲気になってくるのだ。こうした人のつながりは、畑に行きたいと思うなによりのきっかけになるだろう。

私自身も、これまでにあちこちの農園の収穫祭に顔を出してきたが、いつ見てもうれしいのは子供たちが畑で採れた野菜をおいしそうに食べている姿だ。野菜よりも、畑にいるカエルなどを追いかけ回している方が楽しそうな子もいるが、それはそれで一つのレジャー農園としてのあり方だろう。「遊園地やテーマパークに連れて行くより、畑を借りて子供と来る方が安いし楽しい」と言ってくれる人も結構いる。

法人との契約

体験農園の利用者は個人にとどまらない。企業の福利厚生の場として利用するといった法人契約にも対応している。その場合、まとまった広さの区画を確保し定期講習会やイベント、農作業の指導などのサービスメニューをセットにしている。

最初に法人契約を結んだのは、京都市にある工具の製造販売を行う会社だった。その工場では近年、環境商品といって省エネルギーで環境への負荷が少ない商品の販売に力を入れているのだという。単なるトレンドではなくそのような商品を扱う意味を考えてもらうために、野菜を育てて食や環境への問題意識を社員に持ってもらうことは何かの役に立つだろうということで、マイファームの利用を決めてくれた。社員のレクリエーションの場としてだけでなく、日々の業務に取り組む姿勢を共有する、いわば社内教育の場として畑を利用してくれているのだ。

その他にもいくつかの契約があるが、「農業をテーマとしたゲーム開発の参考にするため」「パソコン作業の合間のリフレッシュのため」「運動会に代わる社内レクリエーションのため」など、その動機はさまざまである。

「無心に土をいじっていると、いろんなアイデアが浮かんでくる」というデザイナーの人もいた。畑にはクリエイティビティを刺激する何かがあるのだろうか。私も自分たちで畑の開墾をするときに、土を耕しながら事業の構想を練っていったものだ。

第二ステージ

私は体験農園を利用してくれる人たちを見ていて、その成長していく姿に気がついた。「もっと広い農地を使いたい」「より高度な技術を学びたい」。農業というものは、やればやるほど深みが出てくる。最初は「楽しむ」ところから農の世界に入ってきた人たちだが、自然との対話のなかでもっと深く追求したいという心が生まれている。そういった人たちを後押ししていくことと、マイファームの課題である「耕作放棄地の活用」とが結びつき、第二ステージの「学校」のイメージは固まっていった。

またこれまで述べてきた体験農園の事業は、基本的にもともと野菜作りや農の問題に関心のある人たちのためのサービスであり、ここで満足してしまっては農業にそれほど関心のない人たちにまで届くことはない。私はもっと多くの人を巻き込んで、世のなか全体で食や農の問題意識を共有したいと考えている。それがより幸せな社会を作ることにつながると信じている。

関心のない人たちにもこちらを向いてもらうために必要なことは何か。それは野菜作りの楽しさを「伝えることができる人」を増やしていくことではないだろうか。体験農園を通して農の楽しさに目覚めた人たちがより深く農について学ぶことで、やがて「伝えることができる人」になっていくことができるのではないかと考えた。

こうして「マイファームアカデミー」は動きだした。この事業はまず二〇一〇年、滋賀県野洲市でスタートし、その後二〇一二年に、大阪府高槻市・神奈川県横浜市・千葉県東金市で本格的に展開していった。

このマイファームアカデミーでは「週末就農準備コース」と「有機プロ農家養成コース」という二つのコースを設置した。

「週末就農準備コース」では、社会人が現在の仕事を続けながら週末に農業を学んでいくことができるようなカリキュラムを組んだ。「就農に興味はあるけれど、仕事をやめて挑戦するのはリスクが大きすぎる」という心理的なハードルを下げるのがねらいだ。また就農希望ではなくても、趣味として野菜作りについてもっと深く知りたいという田舎暮らし志向の人も、このコースの対象とした。

受講期間は半年。土作り・堆肥作りから収穫に至るまでのプロセスを実践できる農場実習が三時間×一二回、有機栽培と無農薬栽培の違い・作物の病気の種類・農薬などについて学べる座学講義が三時間×一二回行われる。このコースの受講申し込み数は、いつも募集定員を上回っている。

もう一つの「有機プロ農家養成コース」は、一年間で有機プロ農家として独立することを目標にカリキュラムを組んだ。現在の農業では慣行農法（化学肥料や農薬を使用し、単一作物を栽培する農法）が一般的であるが、あえて有機農法を学べるという点にこだわった。慣行農法は今後、石油価格の上昇による化学肥料の高騰、輸入制限問題や、安全な農作物を求める消費者意識の高まりなどにより主流ではなくなっていくのではないだろうか。

しかしその一方で、有機農法は教え方が体系化されておらず、それを学ぶためには有機農家へ弟子入りするという方法が一般的に取られているのが現状だ。この方法だと、自分にできるかどうかを見極める前に仕事を辞めて現場に飛び込まねばならず、あまりにもリスクが高い。また栽培方法は農家によってさまざまだが、一度弟子入りしてしまうとその農家のやり方しか学べない。数々の方法を俯瞰的に学べるアカデミーを作ることで、こうした問題を解決したいという思いもあった。

こちらのコースは全日制で、広大な敷地のある滋賀県野洲市の農場で開講した。受講者には敷地露地・ビニールハウスの専用区画がそれぞれ一五〇～三〇〇平方メートルほど与えられ、そこでプロ農家として求められる、広大な敷地でまとまった量の野菜を育て、収穫するための技術を学んでいくのである。

新たな就農のあり方

また、マイファームアカデミーには、就農希望者の雇用の創出という目的もある。

新規就農者には「一年目の壁」というものがあるといわれている。一年目は種を蒔いてから出荷の時期まで、何カ月も無給の期間がある。その間、何か仕事をして収入を得なければならないが、コンビニでアルバイトをするなど別の業種で働いていることが多いというのが現状だ。農業の知識があるにもかかわらず、これはもったいないと私は思う。自治体からの補助金をもらう算段などもすべきではなく、「もらえたらラッキー」程度にとらえておく方がいいというのが持論だ。

それでマイファームアカデミーの修了者が就農しようというときに、その仕事の内容として農作物の生産だけでなく、農業を教えるアカデミーの講師という選択肢もあればいいと考えた。まさに「農の楽しさを伝えることができる人」として、その人の持っている知識や資質を最大限に生かしながら、一年を通して農業で生活できれば理想的だ。

これも個人的な見解だが、これから就農を目指す人は「野菜作りマシーン」になってはいけない。野菜作りができるのはもちろんだが、それを人に教えることもできて、たとえば滞在型の農園を運営したり、農業の持つ観光としての魅力を伝える工夫ができたり……農業の持つさまざまな可能性に気づき、それを何かの仕事という形で人に伝えていくことができるのが、これからの日本の農家であり、それは世界で勝負できる農家であると思うのだ。

マイファームでは、野菜作りにとどまらない農の仕事を作ろうとしている。農に関心のない人から本気で農の世界を目指している人まで、すべての人たちを農の世界とつなぎたい。

そのためには、はじめから専門学校をやるという方法もあったかもしれない。実際、農業の専門学校はマイファームアカデミーの他にもいろいろあるし、新規参入企業も出てきている。しかし、いきなり専門学校の創設から始めていては、現在のように募集定員を超える申し込みはなかっただろう。マイファームアカデミーに人が集まっているのは、体験農園をやって、さまざまな工夫をしながら利用者に楽しみを提供しつつ理念を伝え、信頼を得ることができたからこその結果ではないだろうか。

このように一つずつ段階を踏み、農と人をつなぐことを大切にしていきたい。

3　東北の地で

東日本大震災

さて、農を「楽しむ」体験農園と、農を「学ぶ」マイファームアカデミーという二つの事業について述べてきたが、いよいよ農を「仕事」とする人を支援するための事業、第三ステージである。

しかし、この段階に進む前に触れておかなければならないことがある。

二〇一一年三月一一日、東日本大震災が起こった。実はその二日前、私は仙台市で行われた独立・起業を目指す人のためのセミナーにパネリストとして出席していた。また、マイファームアカデミーの事業をいずれ東北の地でも展開したいと考えて準備も始めていたところだった。

地震とそれに続く津波が東北を襲った。二日前に名刺交換をした人たちに片っ端から電話をしてみるが、誰一人としてつながらなかった。

ツイッターを通してなんとか一人、セミナーで挨拶を交わした人と連絡をとることができ、現地で会って案内をしてもらえることになった。そのご厚意に深く感謝し、急いで現地に向かったのが三月二〇日のことだった。東京より北へ向かう公共交通機関はすべてストップしていたので、東京からはレンタカーで仙台を目指した。

仙台に着くと、避難所や地元の有力農家、東北農政局など、いろいろな所を回った。道中、目にする景色は海水で水浸しの状態で、深刻な塩害が予想された。

セミナーで名刺交換していたある農家の男性を訪れたときのこと、「お手伝いできることはありますか」と聞くと「ひやかしにきたんなら、帰れ！」と思い切り怒鳴られ、それ以上は取り合ってもらえなかった。未曾有の大災害を前にして、みんな湧き起こる不安と闘いながら目の前の現実を受け止めることで精一杯だったのだ。そこに私が入る余地はなかった。

自分の立場でできることはなんだろうか。東北の大地から発せられているＳＯＳを、どうしても見すごすことはできないと感じていた。

塩害の問題

太平洋沿岸部の農地の被害を見て回り、問題だと感じた点は主に二つ。「用水路の損壊」と「塩害」である。とくに塩害の起きた農地は二万ヘクタールともいわれている。日本の耕作放棄地の面積は四〇万ヘクタールなので、それと比較してもかなりの面積が被害を受けたといえる。

塩害が農地にもたらす問題点を簡単に説明すると、次の三つである。

① 土壌中に塩化ナトリウムが多量に存在することで、浸透圧が高くなり、植物の根の吸水作用を阻害する。

② 土壌中の植物に栄養素を供給する微生物が死滅し、塩分が下がってからも作物ができなくなる。

③ ナトリウムイオンとカルシウムイオンが交換されるため、土壌中のカルシウム不足が起こり、作物の生育過程で、カルシウム不足が原因の障害が起こる。

まずマイファームで、この塩害の対策はできないだろうかと考えた。震災後に出された日本政府や学者による発表では「塩害の起きた農地は真水で洗い流すことが一番で、その方法を用いた際、土壌の復旧にはおおむね三年を要する」ということだった。では農家の人たちは三年間、仕事もないまま待たなければならないということなのか。

大規模農業生産法人を設立し、東北を日本の新たな農業モデルにしようという動きもあった。しかし私は、それに埋もれてしまいかねない個別の農家を守りたいと思っていた。このままでは東北の農業は途絶えてしまう。一刻も早く代替案となるモデルを示さなければならない。

岩沼市にて

仙台市を見て回った後、海沿いを南下していき、岩沼市にやってきた。そこでたまたま出会った農家の人に「うちの土地、使ってやってくれよ」という話を頂いた。地元の農業を絶やしたくないという願いからのことだった。

マイファームは地元の自治体・NPO法人・大学などと連携し、この地で「復興トマトプロジェクト」を立ち上げた。

さっそく塩害対策の検討に入った。日本各地で古来から伝わる農法にヒントはないかと、いくつかの農法でテストを重ね、その結果、私の故郷でもある福井県に伝わる「ピロール農法」が、もっとも塩害に有効であることがわかった。

この農法はシアノバクテリアという海水中で繁殖する微生物の力を利用して、いい土を作ろうというものである。シアノバクテリアには、光合成を行う過程で塩のもとになるイオンを吸着する働きがある。この微生物を土に混ぜ塩分を吸着させた後、水と一緒に洗い流せば土のなかの塩分濃度が下がるというわけだ。さらにシアノバクテリアは酸素を作り出す働きも持っているので、土に栄養を与えることもできる。

そこでマイファームではピロール農法で使用する肥料「ピロール資材」に沖縄のサンゴ、北海道の海藻、その他の微生物など、すべて自然由来の素材を混ぜて独自の土壌改良材を開発した。現地の畑で試してみたところ、塩分濃度が三パーセントあった土地が、三週間後には一パーセントにまで減少した。みんなから歓声が上がり、私自身も確かな手応えを感じた。

そしてトマトの試験栽培に入り、二〇一一年八月、「復興トマトプロジェクト」は震災からわずか五カ月で収穫の時期を迎えることができたのである。塩害の被害を受けていた畑に子供の背丈をゆうに超えるトマトの苗が青々とした葉を茂らせている。真っ赤に熟した実が次々とかごに入っていく。糖度計で示した数値は「九」。通常のトマトは糖度「五」が平均値であるので、その甘味や味の濃さはかなりものといえる。

収穫の日はギャラリーもたいへんにぎやかで、近隣の農家の他、新聞やテレビなどの取材陣も数多く詰めかけた。各方面で報じられた「復興トマト」の話題は大きな反響を呼んだが、批判の声も多かった。大半は研究者からの「科学的根拠はあるのか」というものだった。

図４　復興トマト収穫の様子

この件に限ったことではないが、政府にも民間企業にも、学会などで発表され科学的に証明されたものは信じるが、それ以外の結果の集合体は証拠がないので支持しないという風潮があるように思う。農業においても、科学で証明されたことが国に認められて支援を受けビジネスになっていくという、「科学的農業」が採り入れられている。たとえば野菜に必要な栄養素は窒素・リン酸・カリウムなので、それらが入った化学肥料を使っていく。微生物は有機物を分解してくれるものの、どの微生物がどのような役割を果たすか解明されていない部分もあるので、わかりやすい化学肥料を推奨する。このような話になるわけだ。

科学で証明するには長い時間と労力が必要になる。知識を持っていること、研究で結果を出し根拠をきちんと示すこと、それは確かに大事なことだ。しかし一日も早い復興に向けて動いていかねばならず、困っている人の助けになる可能性があるというとき、そこだけで完結しないということが大切なのではないだろうか。科学者であれば塩分濃度が下がるメカニズムは知っているはずだ。にもかかわらず、その知識は完全に証明されていないという理由で実用化されないことが多い。「復興トマトプロジェクト」は大成功の一方で、歯がゆさを感じた経験となった。

亘理町にて

岩沼市での取り組みを受けて、その南にある亘理町《わたり》からも声を掛けて頂いた。

亘理でまず立ち上げたのは「しあわせきいろプロジェクト」である。これは海岸沿いの吉田地区、農家の同意を得られた一三ヘクタールの土地を土地改良材で整備し、菜の花の種を蒔こうというものだ。これには除塩の意味もあるが、それ以上に多くの人の心に広がる希望の種を蒔きたいという思いがあった。一面の黄色い絨毯を見てもらえば、農地を再

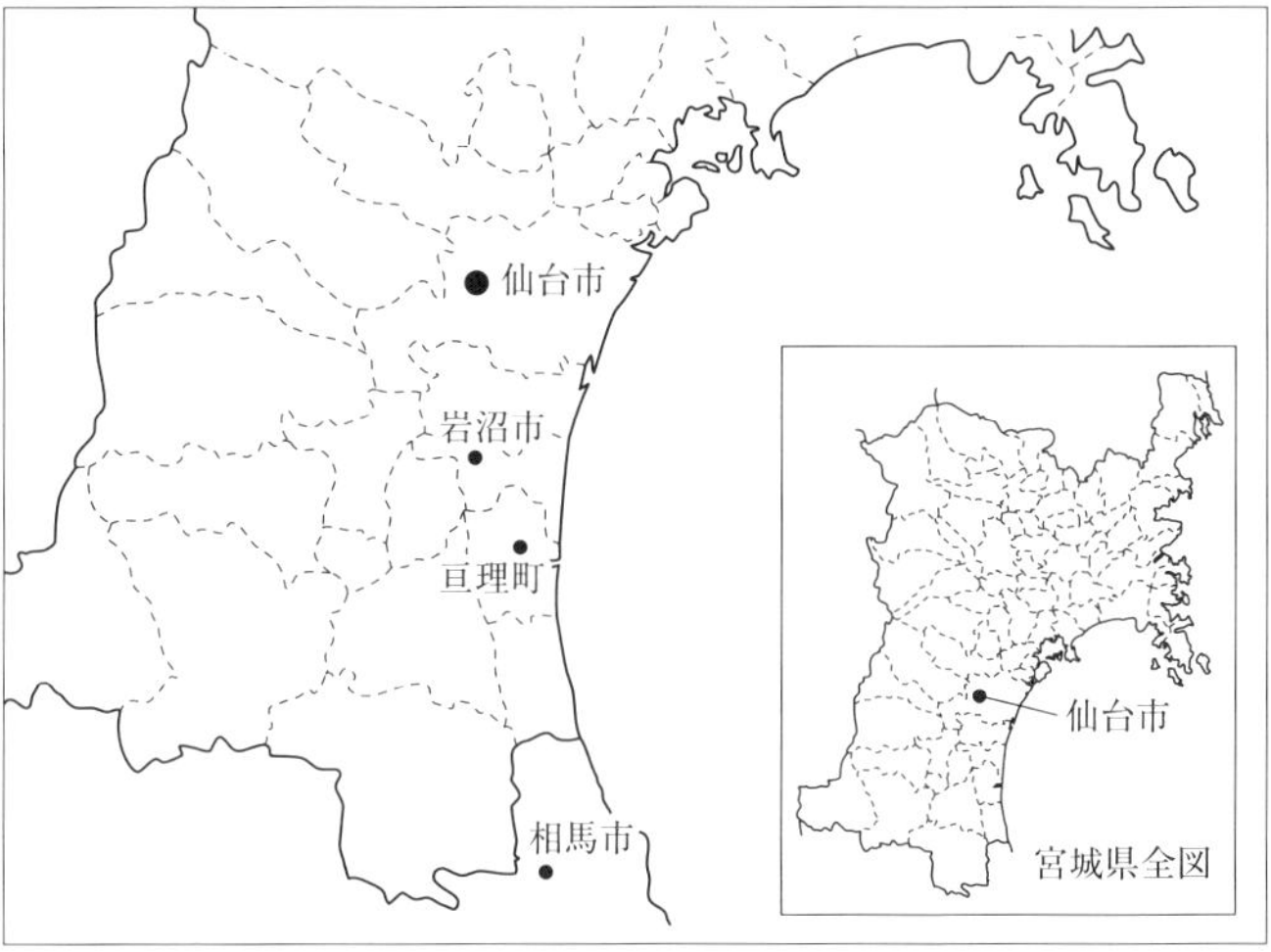

図５　岩沼市・亘理町とその周辺

生させるとはどういうことか、理屈ではなく伝わるものがあるだろうと考えたのだ。

二〇一一年一一月二〇日、吉田地区に地元の農家の人や学生など一〇〇人以上が集まった。まず二時間ほどかけて農地に散らばった漂流物を拾う作業を行う。それから八〇キログラムの菜の花の種を蒔いた。全員が一列に並び、太鼓の音に合わせて一粒ずつ種を蒔いていく。蒔き終わった後には、誰からともなく拍手が巻き起こった。

これで翌年の春には一面黄色い菜の花が咲くはずだったのだが、実はそれが咲かなかったのである。海沿いの防風林が津波で流されて失われており、海からの激しい風で蒔いた種が飛ばされてしまったのだ。

菜の花の世話や、咲いた後の加工品の製造・販売など、農家の雇用創出としての側面も期待してプロジェクトをスタートさせたのだが、それは失敗となってしまった。

しかしここで落ち込んでいる場合ではなかった。この「しあわせきいろプロジェクト」で種を蒔いた直後から、私は亘理を拠点にさらに支援を継続していこうと動いていた。行政やいくつかのNPO法人は徐々に東北から撤退していったが、それは現地の農家の自立を促すためにも、もっともな選択だと思われる。

ただ、私自身は「まだ抜けられない」と感じていた。日本の食を支えてきた東北の人たちが疲れ切っている。「精一杯手助けをしますから、一緒にがんばりましょう。農業をやめないでください」と伝えたくて仕方がなかった。

もう一つ震災の後に直感的に思ったことは、この辺りはいわば日本でもっとも深刻な耕作放棄地になっているということだ。ほとんど耕作「不可能」地のようにも扱われてしまっているその場所で取り組みを行っていくということは、とくに自分自身の生き方としても、非常にやりがいを感じることだ。一番大変な所に手をつけてコツコツとやっている人間がいれば、きっと他の地域の人たちも「自分も考えれば、何かできるんじゃないか」と感じてくれるのではないか。そうして農地をよみがえらせる動きが広まってほしいという思いがある。だからこそあえて一番大変な所に飛び込んでいるのだ。

農事組合法人の立ち上げ

亘理の農家にヒアリングを重ねてみると、さまざまな声が聞こえてきた。一致団結して組織化してやっていこうという人、これまで通りそれぞれ独立してやりたいという人、もうやり直す気力がないので引退したいという人。農家の仕事を作る可能性を探るなかで出した結論は、「農事組合法人マイファーム亘理農業組合」を立ち上げることだ。

農事組合法人とは、組合員である農家に作物を作ってもらう代わりに、それを販売する流通の面倒を見たり、営農指導をしたり、資材の共同購入を行ったりする所だ。個々の農家としては独立しているが、組合員としてみんなでまとめて出荷していこうというわけだ。マイファームが持っているものは「農業経営力」「販路開拓力」「農業技術」、そして「柔軟さと情熱とわずかのお金」である。これらを結集して亘理に農事組合法人を立ち上げる。つまりヨコのつながりを作ってサポートし、地域の農業を活性化させる手伝いをしたいと思ったのだ。

農家の働き方は多様であればあるほどいい。ある人たちは大規模農業生産法人として食料を支える役目を担う。ある人たちはいろいろな働き方をする農家同士で集まって農事組合法人を作る。そのなかには少量多品目栽培をする人や、講師として農に触れる人を増やす取り組みをする人がいる……そんな風に農家同士がネットワークを形成して分業もできれば、すばらしい日本の農業が実現するのではないか。その多様化の第一歩にこの農事組合法人がなればいい。

この亘理の農事組合法人で扱っているのは、主にトマトである。亘理は全国でも有数のイチゴの産地なのだが、津波の被害でハウスが流され塩害も起きたため、イチゴの生産を続けることが難しくなった。そこで岩沼市での取り組みを応用し、比較的塩に強いトマトを栽培しているというわけだ。収穫した後はケチャップやジュースに加工して、インターネットなどを通じて販売するところまで一通りやっている。

実はこの亘理では国からの補助金を投じ、自治体やJAによって「いちご団地」というイチゴ栽培のための大型ハウス群の建設が進められている。ただ、このハウスはイチゴを水耕栽培で作るための設備になっている。もともと亘理のイチゴは砂の上で作るイチゴで、それがこの地域の農家の誇りでもあった。「いちご団地」が二〇一三年中の出荷を目指し

図６　亘理のトマトとその加工品

て動きだす一方で、亘理の農家の人たちのなかには、私たちとともにトマトを作り続けようという人も多かった。

伝統的に受け継がれてきたイチゴ栽培のこと、「いちご団地」のこと、マイファームと協力して取り組んでいるトマト栽培のこと、それぞれについて農家の人たちは表立って何かを訴えることはなく、今はできることを一つひとつこなして復興を目指している。実に我慢強く、歩みを進めている。

東北の地は、これまでマイファームが主として事業を展開してきた関西とはまた違った風土を持つ所だ。より厳しい自然にさらされても、それを受け入れつつ、辛抱強く農業に取り組む。東北の人たちからはそんな気質を感じる。この亘理にやってきて、方言もわからず、コミュニケーションをとるのに苦労したことも多々あるが、とにかく粘り強く、東北の農業を守るためにできることをやっていこうと考えている。

その後、責任を持って関わっていくという意思表示もこめて、農事組合法人は「株式会社マイファーム宮城亘理農場」として組織を改めることになった。こうすることで会社として目的を共有し、また組合員かどうかにかかわらず、個々の農家と柔軟に連携をしていける。私自身が社長となりマイファーム本体からも出資をし、これからも取り組みを続けていく。

東北ではこのようにマイファームをはじめ、全国各地の大学、ＮＰＯなどが地域の人たちに提案をし、理解を得られた所から虫食い状に回復していき、それぞれの手法で営農が再開されていった。草の根の活動が少しずつ実を結び、次第に大きく取り上げられていく様子は一見美しいかもしれない。

ただ、地元の農家は経済的にも苦心をし、重大な決断をして取り組んでいる。そういう我慢強い草の根活動に頼らなければいけない社会は、必ずしも正常とはいえないのではないか、とも感じた。

ところで二〇一三年の春、亘理の地域一帯が黄色く色づいた。「いったい、これは何だ」と現地の人から連絡をもらって、すぐに私も亘理に向かった。すると驚いた、というよりまったくの不意打ちで、もう笑うしかなかった。なんと二年前の「しあわせきいろプロジェクト」の種が、飛ばされたそこかしこで花を咲かせていたのである。

辺りを眺めてみると、飛ばされたエリアとそうでないエリアで差ができて、まだらに黄色く色づいている。飛ばされた種が引っかかったのだろう、津波に流されて残った家の基礎に沿って菜の花が咲いている。これを見て私は植物の強さを感じずにはいられなかった。希望の種になればと願って蒔いた種は、二年越しの思わぬ形で花を咲かせたのだ。

4　次の一手を考える

教育事業の深まり

震災が起こったことにより、マイファームの事業は思わぬ方向に広がっている。しかし耕作放棄地をなんとかしたい、日本の農業をなんとかしたいという基本的な軸はぶれていない。

一方でこれまでの取り組みを通して、新たに見えてきたことがある。一つは「教育」についてである。第二ステージのマイファームアカデミー事業は、農の楽しさに目覚め、より深く学びたい人のための「週末農業」という位置づけだったが、二〇一三年に入り「教育」という要素を大きくクローズアップしてとらえ直した。「自産自消のらせん」をよりスムーズに循環させるには、この「教育」という要素が重要だと考えた。

はじめは消費者という立場からスタートして、農に少しでも興味を持った人はまず「趣味」で楽しむ「体験農園」に行ってみる。そこで農の楽しさを知り、もっと学んでみたいという人は「教育」の段階に進んでもらう。これまでマイファームアカデミーで、さまざまな農業技術を学ぶ機会を提供してきたわけだが、さらに次のフェーズが考えられる。その得た技術を活かしたいという声に応えるためにできることはなんだろうか。

活かすとはどういうことか。それは人生に活かすということだ。具体的には「仕事につなげたい」、あるいは「余暇として深く追求して実践したい」という二つの方向に分かれていくだろう。

このうち、きちんと仕事として社会のなかで持続可能な形で農業を営んでいけるような農家の誕生を後押ししていくために、マイファームではアグリビジネス、農業経営の観点からの講座も充実させることにした。マイファームの教育事業は二〇一四年二月より「アグリイノベーション大学校（ＡＩＣ）」という名前で新しく生まれ変わった。

一年間を通して学ぶ「本科」では、「就農コース」と「アグリビジネスコース」の二つを用意する。ここで実技と座学の両面から農業の土台をしっかりと築いていってもらうことができる。そして六次産業化・農業ビジネス・専業農家など、さまざまな選択肢のなかから可能性を見出してもらいたいと思っている。

もう一つの「専科」では、会社に勤めながら、あるいは大学に通いながらでも、土日を中心に少しずつ、一科目から履修することができるようにする。

講座のなかにはゼミナール制度も導入する。何人かの生徒で集まり、ともに課題解決をしていくという形になるので、生徒同士や講師陣とのコミュニケーションが深まり、ネットワークができあがる。それは一年後に卒業して農業界に出たときに、よりたくさんの仲間がいるということにつながるはずだ。

これからの農業界では自ら前に進むことのできる積極的な人材が必要になってくるだろう。本来の日本の農業は、世界のなかでも生産者と消費者の距離が近い農業だと思っている。アグリイノベーション大学校で、そのような人材、情熱を持った農業家がどんどん生まれていってほしい。

実践者として

教育については難しさも見えてきた。アカデミーでは私自身が教える立場に立つこともあり、そのなかで実践に関わることを教える「しんどさ」を感じることがあった。教える側が自分で実際にやっていないことを教えるというほど、ナンセンスなものはないと思うのだ。

たとえば生け花の学校なら、生け花をやったことのない先生が教えることはないだろう。自動車の教習所で、運転の下手な先生が運転の技術を教えることはできないだろう。

農業の六次産業化、つまり野菜を生産して、加工して、販売するということが大事なのだと教える場合、講師が自分で野菜の加工や販売をやったことがなければ、その講座は成立しないといってもよい。先に紹介したトマトの生産・加工・販売といった亘理での取り組みも、私たちが説得力を持って教えるための「実践」という側面を持っているのだ。

また、学ぶ側の「生徒」はみな大人であり、彼らが見ているのも教えている人が自分できちんと実践をしている人かどうかという点だ。ありがたいことにマイファームには谷さんをはじめとする心強い存在があり、講師としても活躍してもらっているのだが、人手はまだまだ必要だと考えている。

すでに少し説明したが、マイファームが提供しようとする「教育」の場は二重の意味を持つ。つまり「農について学ぶ場」であると同時に、学んで育った人が今度は教える側になって「農の楽しさを伝える場」でもある。「教育」の段階で新たに農に関わる人を輩出するというだけでなく、その巣立った人が実践をしながら「自産自消のらせん」を巡って、今度は教える側として「教育」の場に帰ってきてほしいという願いがあるのだ。

多様な就農のあり方のなかの一つの可能性として、農の楽しさを人に伝える仕事というのは農の裾野を広げるために大切なことだと思う。

第三ステージ

「教育」の段階を経て、さらに農を「仕事」にしてみたい、という人たちを支援するためにできることはなんだろうか。

よく農業を始めようとする人が口にするのは「大変だ」「儲からない」ということだ。そしてそこを解決しようというのが、これから述べる「アグリプラットフォーム」なのである。この「プラットフォーム」は、二つの事業からなる。一つは「アグリステーション（直営農場）」、もう一つは「流通イノベーション」。これらも一つずつ説明していこう。

「アグリステーション」は、農業は「大変だ」という声に応えるものだ。つまり農業を始めるまでの準備の大変さ、そして始めてから襲ってくる大変さを支えていこうというわけだ。種・苗をはじめとして、必要資材をどこで用意したらいいのかわからない。トラクターは自分で購入しなければいけないのか？　どこで？　人手が必要で手伝ってもらいたいけど「手伝って」と頼むつてもない。そういったときに、マイファームの直営農場にくると、ハウスやトラクターを借りられる仕組みがあり、しっかり支援を受けることができる。

この直営農場は現在、滋賀と宮城の二カ所からスタートしたが、将来的には全国に拠点となる場所を展開し、農家が集う場所にしていきたいと考えている。

そして「流通イノベーション」は、農業を始めても「儲からない」という声に応えるためのものだ。新規就農して野菜を作ったはいいけれど、まだ素人に毛が生えたような状態だから規格が揃わない。単一の種類を、大量に、均一の品質で作るということは、そう簡単にできるものではない。だから市場に出しにくく、出してもなかなか買ってもらえない。

そこを変えるべく、マイファームでは、小ロット（一度に生産する量が少ない）・多品目の野菜でも集荷を行っていく。そして野菜の規格は問わない。なおかつ目の前で現金に交換する。これは既存の農産物物流の壁を打ち破る、新たな販路を開拓しようという仕組みなのだ。

二〇一三年は滋賀・京都・大阪・和歌山・兵庫・奈良の各エリアで集荷をしていく。また二〇一四年からは福井・岡山・三重・愛知・長野・静岡でも行う。提携先販売店と協力し従来の流通販路を見直すことで、消費者には新鮮な野菜を安価に提供し、農家にも安定した収入ややりがいを創出するといった支援も行った。

流通イノベーション事業に関しては、それまでのマイファームになかった新しい視点であり、とくに創業時からマイファームを見てきた人からすれば疑問の湧くところでもあるだろう。「自産自消」の社会のために、流通機能を持つ必要がはたしてあるのだろうか。直営農場と販路を持つということは、結局JAと同じことがやりたいのか。こういった疑問はもっともだ。

マイファームにはこれから農業の世界に入ろうという人が段階を踏みながら成長していける仕組みがあり、さまざまな個別の問題に対応することができる柔軟性も持っている。これはJAやそのほか大企業にはできないことだろう。

先ほど紹介した亘理で立ち上げた農事組合法人も、農場を営み、販路を持つ、まさにJAのコンパクト版のようなことをしている。これは農家の人にとって、JAとの選択肢がもう一つできたといえるだろう。それまで農家にとって大きな存在としてのＪＡがあって、他にライバルになるような会社はなかった。そこへマイファームが現れてこうした事業を展開することで、現実問題、競合している部分はあるのだが、それも選択肢ができたという点で、いいことだと思っている。

農園のバリエーション

日本にはまだまだ耕作放棄地が残っている。現在もマイファームには耕作放棄地についての問い合わせがたくさんきており、それぞれの土地に合わせた活用法を考えている。それで「趣味」の段階の農園でも、すべてを体験農園にするというわけではなく、さまざまなバリエーションがある。

たとえば私の故郷である福井県坂井市三国町、少し都市部から離れた丘陵地の農地では「農園レストランＮｏｒａ」をオープンした。これは農業の次代のモデルを模索する有志で作られた地域の委員会と協議を重ねた結果、現地に農業法人を設立、その運営のもと、二〇一三年冬にオープンを迎えたものである。

農園にレストランを併設し、農園では鶏を飼う。レストランでは新鮮な野菜とともに、敷地内を走り回る鶏の卵を使った料理を味わうことができる。この一〇〇パーセント国産飼料による平飼い鶏の「のらたまご」は、インターネットを通じて販売もしている。こうした六次産業化の取り組みが、地域農業の雇用と活性化の起爆剤になればと思っている。

逆に都市部の真ん中、横浜駅や宝塚駅のすぐそばでは「キッチンファーム」という名前

図7　農園レストランと「のらたまご」

で、「畑を味わう」をコンセプトにした体験農園を展開している。ここでは季節に合わせた野菜作りのコースを用意し、イベントやワークショップを通じて、それらが食卓に乗るところまでをイメージできるようなサービスを提供している。

また「食」以外の一例を挙げると、マイファームでは、ある化粧品会社にお灸につかうヨモギの出荷をしている。日本の主要なヨモギの産地は新潟・滋賀・沖縄の三カ所で、このうち滋賀の伊吹山で採れるヨモギはお灸に一番いいとされている。周辺の耕作放棄地を活用し地元の農家と協力して、そのヨモギの栽培にあたっているのだ。

現在、私自身が重心を置いているのは東北での取り組みだが、これらマイファーム本体の事業も信頼の置けるメンバーが着実に進めてくれている。そして東北における「実践」は、マイファーム全体の事業構想を練り上げていく過程とつねにリンクしているのである。

ふくふくファーム

さらに二〇一三年八月から始まった取り組みとして、私が「ふくふく」と名づけた農園について紹介しておく。これは余暇として農業を深く追求していきたい人をいかに後押しするかということについて、新しい一つの答えを示すものでもある。

今一度、日本の農業の問題点を整理すると、

① 農地を借りられない。
② 儲からない。
③ 農業を始めるまでの大変さ、始めた後の大変さ。

となるだろう。これらの課題がなかなか解決されないため、耕作放棄地が生まれ、新規で就農する人が現れないという構造になっている。「ふくふくファーム」はこれらを解決する、まったく新しい可能性を秘めたプロジェクトだと考えている。

この「ふくふくファーム」は一言でいうと、販売先つきの農地貸し出しサービスである。趣味の農園の延長線上にありながら、そこで作った野菜を売ることができるという農園なのだ。

これまで提携先で農産物を販売する場合、本来は農家資格を取得し、審査に通過することが前提となっていた。しかし「ふくふくファーム」では農園利用の契約と同時に直売所での販売許可が得られる仕組みになっている。「ふくふくファーム」の場所は現在のとこ

ろ兵庫県三田市と大阪府岸和田市にある。利用者には五〇平方メートルほどの農地が貸し出され、そこで自分で食べるための野菜作りを楽しんでもらうわけだが、それに加えて、余剰の生産物について、それぞれ最寄りの直売所に持ち込むことができるのである。

これまでのマイファームのサービスと違って、ターゲットとしたのは退職した後の人たちである。この年代の人たちは時間があり、その作業はとても丁寧だ。そこで作った野菜を買い取るとなれば、喜んで利用してもらえるのではないかと考えている。

農地を貸し出すというのはもちろん正式な手続きによるが、実は法の抜け穴を縫っていった結果で、この法の抜け穴こそベンチャー企業の取り組むべき場所で、イノベーションの種だ。私はこれは「平成の民間版農地解放」だと思っている。

第一種兼業農家は農業収入の方が多い農家、第二種兼業農家は農業収入よりもサラリーマン収入の方が多い農家だが、この「ふくふくファーム」は、いわば「第三種」兼業農家、農業を趣味としてその延長線上でお小遣いを稼ぐ一般人の台頭を狙った事業なのだ。

農水省の統計によると平成二四年度で、第一種兼業農家はおよそ二二万人、第二種兼業農家はおよそ八五万人。一方で農業をしたいと思っている人口のなかで週末農家をしてみたいという人たちは一四〇万人ほどいるという。そのなかから「アマチュア農家」の台頭を先導するのがこの「ふくふくファーム」になると考えている。今まで農家になろうと思うと、いきなり農業を生業としなければいけなかったところに、その前の段階を作った形になるともいえるだろう。メインターゲットは退職後の人たちだが、ゆくゆくは若い人たちにも利用してもらい、そのなかから新たな「農家」が生まれることを願っている。

これまでのサービスでは野菜を作ることで農を楽しむという見えない価値を提供してきたが、そこに目に見える対価としてお金をもらうというサービスも提供されることになる。「自産自消」を基本としながらも、そこから一歩進んで自分で作った野菜を他の人に味わってもらう喜びにもつなげていきたい。

野菜を出荷する「ふくふくファーム」の利用者は、自分のスキルを試しながら、やがてどこでも通用する農家への階段をあがっていくことができる。アマチュア農家が台頭し、出回る野菜の量がプロの農家に迫ったとき、農家から非農家が出荷しすぎだというクレームが入るかもしれない。しかしそもそも農家の数が減少していることをくい止めることを考えるなら、「ふくふくファーム」の利用者を農家として認めることもありえるのではないか。

大切なのは農家の定義ではなく、農に関わる人そのものなのだ。こうして結果的に農家となる人が増え、日本の農業が活性化する。そしてその人たちが耕作放棄地を使って農業を始めるところにまでつながってほしい。この「ふくふくファーム」は、マイファームだからできることだと確信している。

5　日本の農業の未来

食料危機とTPP

マイファームが「自産自消」の社会を目指す、その大きな背景として、世界に迫りつつある食料危機の問題がある。

世界の人口を見れば、先進国の人口が減少する一方で発展途上国の人口は急増し続けている。やがて人口を養うだけの食料を生産することが難しくなり、世界的な食料危機につながることが心配される。そして食料危機は、いずれ戦争を引き起こす危険性があることも指摘されている。

世界の国々では、これに備えて自国を守るための対策を講じている。中国では世界の農地の買い占めを始めているし、アメリカでは遺伝子組換え技術の研究を重ねている。

アメリカの化学メーカー「モンサント社」では、自社で開発した種から育った植物がそれ以外の植物と受粉すると、その植物を枯らせる細胞を持った種子を遺伝子組換え技術で作り出した。こうした種子を開発することで、自社に利益が集中することをねらいとしている。日本のＴＰＰ（環太平洋パートナーシップ協定）への参加によって、今後こうした遺伝子組み換え作物が輸入されることは避けられないだろう。

これに対して、おいしい野菜や安全な野菜とはどういうものかを知っている人を増やすことは、切実な課題であるといえる。そうでなければ消費者は野菜やそのほかの農作物を高いか安いかだけの基準で選んでしまうことになるだろう。

また、たとえば京野菜のようなブランド野菜を作る農家や、営業努力の並外れたごく一部の農家は生き残ることができるかもしれないが、それ以外の農家が苦境に立たされる危険性は高い。日本の農業の強みになるものを早急に作っていかねばならない。

日本が国として何かできるとすれば、荒れた土地をよみがえらせる独自の技術を生み出し、海外からも人が学びに来るような仕組みをたくさん作ることではないかと思う。マイファームの事業は、その一つのモデルを示しているつもりだ。

イノベーションのありか

いつの間にか人間は、自然のなかから生まれてきたにもかかわらず、自然と住空間との間に線引きをして、その線を引いた場所を「被害を及ぼす境界」として解決に全力を尽くすようになっている。虫と人の間には「害虫」という溝があり、山と里山の間には「獣害」という動物からの被害があり、海と田畑の間には「塩害」という潮の害があり、農地と住空間の間には「耕作放棄地」がある。

幼いころに福井県の耕作放棄地を見て育ち、そこがもったいないという想いでもう何年も活動を続けている。私はもしかすると、その境界線を「害」ではなく「共生」できる空間として、お互いが理解できる場所としてつなぐということをするために生まれてきたのではないかと感じている。

おそらくこの境界線上では「生産」のみに特化した農業やそのほかの活動よりも、「生産」を手段として別の目的を持つような産業を新たに生み出すことを考えた方が、社会的にも重要な空間になるのではないかと思っている。たとえば「獣害」が大変なのであれば、そこを新しい形の「動物園」に変えて人と動物が交流できるような場所にすればいい、というような。

先に「野菜作りマシーン」になってはいけないと述べたが、農業を「工業化」させるだけではなく、「見えない大切なもの」を教えてくれるような産業として市場を作りあげていくことに使命を感じる。しかしその一方で「生産」することの重要性もわかっており、それ自体を目的化したものも必要であると感じているため、悩みがあるのも事実だ。

毎年春になると、桜の開花に合わせて種蒔きが始まり、春夏野菜の準備が忙しくなってくる。例年よりも開花が早い年は、その時期に合わせて種蒔きしてしまうと、苗が遅霜に当たってしまい、失敗してしまうだろう。惰性で農業をしていては収穫物は得られない。農業を営む人たちは、みな自然を感じて、隣家の人と相談し、工夫をしていかなければいけないのだ。そこで「颪」を感じることのできなかった農家は、工夫をした人の真似をするしかなく、時期が遅れて収穫物の収量は減り、後手に回ることになる。

ＴＰＰへの参加に際し、ある若手の農家は「確かに厳しくなることは予想されるが、これで農家の考え方が変わって前向きになってくれればいい」という話をしていた。またある人は「いったんは海外のものが入ってくるが、逆に海外に日本のおいしい農産物が出ていくきっかけになるかもしれない」と言っていた。

基本的に私は、農業の観点からは、まだＴＰＰ参加の準備は不十分であり、加盟は先延ばしにして今は議論を深めるときだと考えている。しかし農家のなかには敏感に風を感じ取って動こうとしている人もいるということに、少し安心もした。

若くて優秀な農家のなかには、国内で農作物を作ることをやめ、海外に飛び出す人も出てきている。それは震災の影響もあるが、国内の農業の支援体制や法体制、しがらみのなかで農業をしても成長しにくいと感じているからでもある。これから立て直していこうというときに若い世代が海外で農業をしていては未来はない。政府も日本の農業に魅力を感じて戻りたくなるような対応をしなければいけない。

残念なのは「農業に魅力がない」「農業では食べていけない」と平気でメディアで発言する人々がいることである。その考え自体が農業の行き詰まりにつながっているのだということに気づき、風を読むことのできる前向きな農家の声を、真摯に受け止めてもらいたい。

農業に魅力がないと感じるのなら、それはむしろ大きなチャンスであると、私は言いたい。そういう場所にこそイノベーションの種は隠れているものなのだから。

（構成　深井大輔）

第3章　山を町につなぐ

――愛媛「新宮村」の村おこし――

平野俊己

平野俊己
（ひらの　としき）

1970年，兵庫県生まれ。
株式会社やまびこ企画販売部長。

京都大学工学部電気工学第二学科卒業。株式会社平凡社で人文書の編集に携わった後，1999年転職。愛媛県宇摩郡新宮村（現・四国中央市新宮町）の村おこしに従事。特産の新宮茶を全国に広め，地域全体の価値向上を目指す。2007年より愛媛県移住サポーター。

1 「新宮村」というブランド

物語のはじめに

まずはじめに言っておこう。この物語は「新宮茶《しんぐう》」という、まだ無名といっていいお茶が主人公である。そしてそれを支える愛媛県の新宮村、新宮村民も主人公である。「霧の森大福」という菓子も随所で重要な役回りを演じ、物語はこの菓子を中心に展開していくが、あくまで脇役であることを忘れてはならない。

四国の愛媛県に新宮町という小さな町がある。新宮茶のふるさとだ。

新宮町は愛媛県の東端、四国中央市の中の一地域である。二〇〇四年までは宇摩郡《うまぐん》新宮村という独立した自治体であったが、国が推進したいわゆる平成の大合併政策で近隣市町である川之江市、伊予三島市、宇摩郡土居町と合併する道を選ぶしかなかった地域である。

これからこの物語で述べようとするのは、この新宮町における地域おこしについてである。いや、地域おこしをすることになった経緯はすべて合併前にさかのぼるから、村おこしというのがふさわしい。したがってこの物語では「新宮町」ではなく、すでに消滅した自治体名ではあるが「新宮村」と表記することをお許し願いたい。町と村では想起される新宮像がまるで違う。物語では言葉のイメージは大切にしなければならない。そしてまたこの村おこしにおいて、「新宮村」という名称は一つのブランドともなっているから「新宮町」ではいけないのだ。

この新宮村がなぜ村おこしを必要とする事態となったのか、どんな手法で村おこしをしてきたのか、あるいはしているのか、そしてその将来はバラ色なのか、といったことをこれから明らかにしていきたい。

新宮村の地勢と歴史

まず新宮村がどんな地勢でどのような歴史を編んできたか、そこから伝えたい。

新宮村は前述したように愛媛県の東端にあり、南は高知県、東は徳島県と接した、総面積七八・八平方キロメートルの小さな村である。村域は北辺の八〇〇メートル級の法皇《ほうおう》山脈(1)、南辺の一〇〇〇メートル級の四国山地に挟まれた急峻な山間で、そこを西から東にぬって流れる銅山川《どうざんがわ》やその支流の馬立川《うまたてがわ》が深くV字谷をえぐってその周辺にわずかな平地を見るにすぎない。集落は山腹斜面に点在し、村民は古来、北辺の法皇山脈を片道四時間以上も

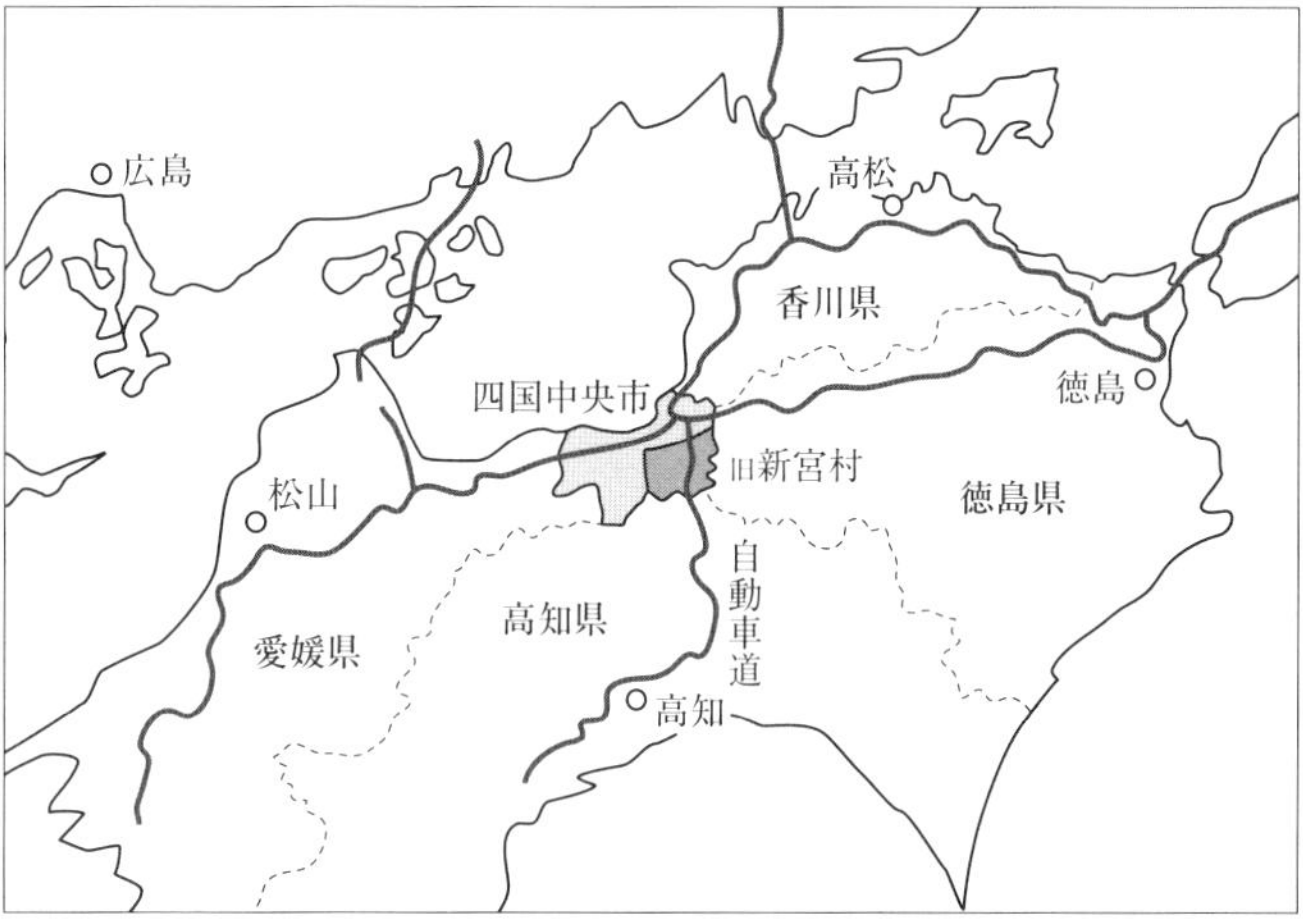

図１　新宮村とその周辺

かけて越え、宇摩平野との交渉を持った。また一方で当然、銅山川を介して上流にあたる西の別子《べっし》や富郷《とみさと》、下流にあたる東の阿波の川口や池田とも交渉を持ったであろう。その結果として新宮村は峻険な山に囲まれているにもかかわらず東西南北さまざまな地域の影響を受けてきたと見ることができる。

弥生式土器や銅鉾の存在から、古くは弥生時代に馬立川上流には集落が開けていたことがわかっている。七世紀から八世紀にかけては奈良や京の都からの官道が開削され、南海道がまず讃岐国府（現香川県坂出市）から伊予国府（現愛媛県今治市）まで通じ、七九六年には四国山地を南に越えて土佐国府（現高知県南国市）へ至る新道も開かれ、その際新宮村内にも駅が置かれた。[2]『延喜式』諸国駅伝馬に「伊予国駅馬、大岡、山背《やましろ》、近井《ちかい》、新居《にい》、周敷《すふ》、越智《おち》各五疋」として馬五頭を置くことが定められた各駅のうち山背駅が新宮の駅であったとされる。この古代道はすぐ廃れたが、それに近いルートが江戸時代中期の一七一七年になって土佐藩主山内氏の参勤路・土佐街道として復活を見ることとなり、村内には山内氏が休息、宿泊したとされる馬立本陣跡も残り、幕末の一八六二年の参勤には二〇〇〇人もの行列が通ったと伝えられている。この土佐街道はまた山と海との物流が盛んに行われてきた道でもあり、土佐の後発酵茶である碁石茶[3]がこの道を経由して讃岐に運ばれて仁尾茶として大いに商いされ、その帰り荷は塩を積んで帰ったという。新宮村には仲持（物資を背負って、あるいは馬を使って山道を運搬することを生業とした人々）が多く存在して土佐と讃岐を結ぶ茶と塩の道の物流を支えてきた。その後この街道は、昭和になって自動車道ができるまで村民の生活道として大切に利用された。ちなみに霧の森はこの馬立本陣跡のすぐ横の畑地を造成して建設されたため、イベント広場横には堂々とした本陣の正門が建つ。

新宮村はそもそも古美《こみ》村と呼ばれていたが、八〇七年に紀伊国新宮（現和歌山県新宮市）から熊野神社を勧請したことにより古美新宮村、ついで新宮村と呼ばれるようになったという。新宮村の熊野神社は十二社権現社と呼ばれてその後隆盛を極め、四国でもっとも社格の高い神社の一つとされるとともに、社に伝わる由緒記によれば四国の熊野信仰第一の霊場として伊予、土佐、阿波のそれぞれ半分、讃岐一円など四国の大半を信仰圏として、広く分布する氏子に修験者らが牛王《ごおう》の神符(4)を配布していたとされ、社には鎌倉時代初期の一二二三年の銘文がある神鏡や一二二六年の奥書のある大般若経六〇〇巻、室町時代末期の一五二二年のものと伝わる牛王神符の版木が戦国時代の戦火を免れて今に残り社歴の古さを物語る。

新宮村にはこの他奥之院仙龍寺があって、八一五年に弘法大師空海が法道仙人(5)から譲り受けて二一日間の護摩修行を積んだとされる岩窟跡に懸崖造りの立派な本堂が建ち、本山である京の大覚寺より四国総奥之院の称号を賜ったと伝える。

これらのことは新宮村が神仏にわたる四国の信仰の中心地であったということを示しており、古代から中世の時代的背景を考えれば、信仰の中心であることはすなわち思想、文化の最先端地であり、また政治にも深く関わった地であったといえる。

新宮村には一五一一年、室町幕府第一〇代将軍足利義稙から宇摩郡を地頭として恩給された日野家が都より来住して栄え、村内の素鵞《そが》神社の秋祭に伝わる公家装束の稚児が乗り込んだ屋台（木車）や嵯峨の地名など、都から伝来したと思われる文化旧跡も数多い。

その後戦国期になって土佐の長宗我部氏の侵入路となり、さらに豊臣秀吉による四国征伐などを経て村地は荒廃し、福島正則や加藤嘉明らによる支配へと領主交代が繰り返された。江戸時代初期には幕府領であったが、後に大半が今治藩領、一部の交通の要衝のみが幕府領と支配が分かれ、維新で今治藩領は今治県に、幕府領は新政府側の土佐藩に接収されたのち丸亀県に属し、最終的にはすべてが松山県に属することとなり、その後石鉄県、愛媛県と変遷をたどった。

村内は一八七六年に東新宮村と西新宮村が合併してできた新宮村の他、新瀬川《しんせがわ》村、馬立村、上山村の四村に分かれていたが、一八九〇年にこのうち新宮村、新瀬川村、馬立村の三村が合併して新立村となっていったん新宮村は消滅し、その後一九五四年にこの新立村と上山村が合併して再び新宮村の名が日の目を見ることとなった。

村民と生業

そんな新宮村であったが、人々はそこでどんな暮らしを送っていたのだろうか。

急峻な山岳地域ゆえもともと盛んであった焼畑農業に加え、一八六八年の「伊予国宇摩郡地誌」によると主要物産は山村らしくタバコ、シュロ、楮皮《ちょひ》（楮《こうぞ》の皮、製紙原料）、漆、半紙、茶などと記されており、この他土佐や阿波との境には椀などを製して生計を立てた木地師の集落もあって川之江の問屋と取引したといわれる。

江戸中期元禄のころ、新宮に鉱山が発見され、銅と肥料の元になる硫酸とわずかの金銀を含んだ含銅硫化鉄鉱を産した。一九五〇年代から六〇年代にかけては月産二〇〇〇トンもの鉱石を掘り出し、鉱山従業員が居住する鉱山住宅の一帯は映画や芝居の会、運動会などでたいそう賑わったというが、資源は次第に枯渇し一九七八年閉山。当然のことではあるが鉱山従業員はごっそり近隣の鉱山に移ったり廃業したりするなど、このころから新宮村の人口減少が急激に始まる。

また現在、新宮のある四国中央市は製紙日本一の町であるが、その源流は新宮村にさかのぼる。伝承によると一八三〇年ごろ、土佐から伝わって村内で手漉き和紙の生産が始まったとされる。もともと楮や三椏《みつまた》といった紙の原料樹が自生していたことに加え清水が豊富であったことが新宮村に製紙が定着した理由で、大正時代には村内一二〇戸にあまる家々で盛んに手漉き和紙が製されたが、その後近代化を推し進めた近隣の川之江や伊予三島の製紙が隆盛を誇る一方で、新宮村の製紙は衰退し現在はすでにない。

一七世紀に始まったとされ、その後の農産物の主体を占めていたタバコが次第に斜陽産業となり、一九五一年、これを代替すべく新宮茶の栽培が始まった。銅山川の朝霧が立ちこめる地形であったこと、村地のほとんどが傾斜地で排水がよかったこと、緑泥片岩の風化土壌であったこと、古来ヤマ茶(6)が自生していたことなど茶栽培の立地条件を幾重にも備えていたことから、当時の村長が静岡から茶の種を取り寄せて村内農家に配って栽培を始めたという。お茶は山で摘んでくるものというのが常識だった新宮村で、はじめて畑地に茶が栽培されたのである。

さらに一九五四年、新宮村は愛媛県の農事試験場から白羽の矢を立てられ、その前年に農林省登録品種になったばかりの優良品種・ヤブキタ種(7)が静岡から導入されたのである。県内各地で同じヤブキタ種の導入が失敗するなかで、三〇年来のタバコ作りを放棄して茶の栽培に切り替えることは周囲からも無謀と見られたが、茶栽培の中心人物として参画した脇久五郎氏(8)が三〇〇〇本の苗木を定植し、その後、苗木の生育、施肥、晩霜対策などに試行錯誤を繰り返した結果、一九五九年に初収穫された新宮茶は静岡県茶業試験場において「香気日本一」の折り紙がつけられ、現在にまで通じる新宮茶の礎を築いた。

しかし知名度のない新宮茶は売れず、まろやかな宇治茶に慣れているがために新種であるヤブキタ種の味に馴染みのない茶問屋から買いたたかれるなど辛酸をなめた。そこで、すでに村内初の製茶場として第一歩を踏み出していた脇氏は、問屋を通さず消費者に直接販売する道を選び、新茶が採れるたびお茶好きの個人に一煎ずつ贈って新宮茶の宣伝に尽力したという。

それが徐々に浸透し新宮茶市場の勃興を見るのだが、より販路が拡大したきっかけは無農薬栽培の取り組みであった。静岡で習った栽培方式をそのまま踏襲していた新宮茶は当初虫が出れば農薬をかけるのが当然であったが、傾斜地がほとんどであったことや家から茶畑が遠い農家が多かったために農薬散布もままならず、気がつくと今でいうところの低農薬栽培になっていた。そこに食の安全を見た地元の生活協同組合が積極的に新宮茶を取り扱うようになり、組合員との懇談のなかでいっそのこと低農薬ではなく無農薬にしてみてはどうかという話が出たのが無農薬栽培の起こりであった。たまたまそのころ、都合で一年間茶畑を放置したことがあったが、静岡から茶摘機メーカーが視察に来るというので、放置して荒れた茶畑をその前日にきれいに剪定したところ、わずか一夜にして茶畑一面にクモの巣が張ったのを見て天敵利用を思いついたという。クモは茶樹につく害虫にとっては恐るべき天敵であるが、農薬をかけていればクモは一匹もいなかったであろう。一九八

図２　脇氏の茶園

三年に踏み切った無農薬栽培は三年後には村内全戸に広がり、現在ではクモの他、ハチやテントウムシなどさまざまな天敵の力を借りて、自然の生態系を利用した農法が定着している。もちろん無農薬で栽培するには虫害だけではなく病害にも耐えられる茶樹を作らなければならず、そのために化学肥料を減らし有機物を潤沢にすきこむなど土壌から作り替えねばならなかったが、そうした筆舌に尽くしがたい苦労の連続が新宮茶の現在を支えている。

このように新宮村の歴史と文化、産業を概観したとき、いかに信仰の中心地、文化の中心地として、あるいは鉱山やタバコ、茶で活況を呈していたかがよくわかるが、それでもなお村民は完全に山に閉ざされた生活を送っていたため、悲願は便利な交通アクセスであった。一九三一年に徳島県側からの道を通って新宮村にはじめて自動車が導入されたが、これがたいへんな悪路で、県知事を呼んであえてこの道を歩かせるなどした地元の熱心な働きかけもあって、ついに一九三七年、県道が開通した。徳島県を経由せずとも隣の川之江市から直接峠を越えて自動車による移動がようやく可能となったのである。ついで一九四七年、新宮と川之江を結ぶ省線バスが、一九六一年に新宮と阿波池田を結ぶ民営バスがそれぞれ開通し、公共交通による移動が可能となった。その後一九八〇年に堀切トンネルができたことでルートは大幅に短縮され、さらに一九九二年、高知自動車道が通じ、全国的に珍しい、村にあるインターチェンジとして新宮インターチェンジができるに至って、徒歩による往来で片道四時間以上要していた川之江までの所要時間はわずか一〇分となったのである。

村の没落

この間、川之江、伊予三島の製紙業はめざましい発展を遂げて潤沢な水源と電力を必要としていたが、これに対応するため度重なる徳島県と愛媛県の折衝の結果、水利権を徳島県が持つ吉野川支流の銅山川に三段のダムを建造して水資源と電力を確保することとなり、一九七五年、新宮ダムが竣工した。このダムは当時の新宮村内でも比較的大きな集落であった古野地区を飲み込み、その地区に居住していた一般六五世帯のうち実に六二世帯が集団離村を余儀なくされ、一八六八年に五カ所あった村内の渡し船は水位の低下などによって廃業に追い込まれた。

また前述のように川之江までの所要時間が劇的に短縮するにおよんで、村民の流出に歯止めがきかなくなった。不便な新宮村に住まずとも製紙業で賑わう川之江や伊予三島に住む方が圧倒的に便利であり、職にも困らず現金収入も大きかった。盆や正月だけ旧家に一〇分で帰ってくればいいのである。そうなると地元経済は縮小し、商店経営は立ちゆかなくなって次々と店はたたまれ、その結果村内では満足な買い物ができなくなったため川之江に買い物に行くといった悪循環が始まった。

こうしてやがて新宮村は自主独立して自治体経営を行えない状況となり、二〇〇四年ついに川之江市、伊予三島市、土居町と合併するという苦渋の決断を下すこととなるのである。合併さえすれば住民サービスは維持されるという触れ込みであったが、実際にはそうではなかった。借金まみれの国が自治体ごとに配っていた地方交付税を削減するために自治体数そのものを減らそうというのが平成の大合併の趣旨であるから、新宮村のように合併新自治体のなかでも周縁に位置する過疎地域の住民サービスが維持されようはずもない。こうして合併前の二〇〇二年に七二人いた新宮村役場の職員は、合併して四国中央市役所新宮支所となって四年が経った二〇〇八年にはわずか九人に激減した。二校あった小学校と一校あった中学校も二〇〇七年に統合され、愛媛県下初の公立小中一貫校として再スタートを切ったが、一九九五年に三三人いた教職員は二〇一三年には一一人になっている。公共施設として村の大きな職場であった役場や学校が小さくなるにつれて、さらに村の経済活動は急激に縮小していく。

村民が悲願とした便利な交通アクセスは、皮肉にも新宮村を解体する原動力となってしまった。是非はもちろんあるが、山に閉ざされていたからこそ、そこには公共施設も商店も独立して存在しえたのである。

村おこしの必要性

新宮村は一九九一年三月、「自然と人、人と人の調和と協調のむらづくり」を目指して、今後の行財政運営の指針となり行政と村民が一体となって取り組む努力目標となるものとして、「新宮村新総合計画　ナチュラルビレッジ新宮　前期基本計画（一九九〇〜九五年度）」を策定した。

そこに掲げられた「新宮村発展のための主要課題」には、①広域高速交通網の進展をいかに有効的に利用するか、②急激な人口減少をくいとめるための戦略的事業をいかにすすめるか、③村財政が厳しいなかで、地域間競争に打ち勝つ戦略的事業をいかに発掘し推進するか、④高齢者が多いことを地域特性としてとらえ、全国的なモデルとなるようないきいきとした福祉の村づくりをいかにすすめるか、⑤都会にない山村としての地域特性を有効に活用し、都市との交流をいかにすすめるか、⑥村財政が厳しいなかで、住民のニーズに対応した社会基盤および高次都市施設等の整備をいかにすすめるか、とある。高知自動車道の開通、周辺都市の人口増加の可能性、村内産業の衰退、全国平均を大きく超える高齢化、過疎化を相当なまでに意識していることが見てとれる。

かつて鉱山やタバコで活況を呈した経済はもはやなく、高速道路の開通による利便性向上は逆に村独自の存立基盤を揺るがす結果となり、新宮村はもはや安穏としていられる状況ではなく、村おこしはまったなしの課題だったのである。それがこの新宮村新総合計画の策定につながったのであろう。

ひとたび便利な交通路ができてしまった以上、それを元に戻すことはもちろんできない。その結果として失われた、村内で完結する経済圏も再興することは困難であり、また歴史の流れに鑑みれば再興しようとすること自体無意味なことでもあった。新宮村には山村でしか存在しえないもの、なしえないことをこれまでになかった新しい視点でとらえなおす村づくりの道しか残されていなかったのである。

2　複合観光施設「霧の森」

開設準備

「霧の森」と聞いて、すぐにわかる方ははたして本章の読者のなかに何名おられるだろうか。

霧の森はこの新宮村に一九九九年にオープンした複合観光施設である。村内を流れる馬立川のほとりに、レストランやコテージ、新宮茶カフェ、温泉などが建ちならび、年間二〇万人を超す観光客に癒しを提供している。

しかしこの霧の森を単なる癒しの観光施設としてのみ評価するのは正しくない。なぜなら霧の森は急激な過疎化に見舞われ産業基盤が失われつつあった新宮村の活性化を担うための拠点施設として整備されたからである。

村は一九九二年より、村営住宅の建設や宅地造成事業による宅地の確保、住宅融資の利子補給、転入祝金の支給など、新宮村を離れた若者を引き戻すUターン定住促進策を実施したが、残念ながら目覚ましい成果は上がらなかった。また、このころに村民を対象に取られた村おこしに関するアンケートでは、観光客が来ても食事をしたり泊まったりする所がないという声が多く集まった。これを受け、村では観光事業に本腰を入れていく。

前述の新宮村新総合計画の細部は、基本構想、基本計画及び実施計画によって構成され、基本計画においては、観光資源の開発と整備として、①自然資源の保全、活用、②歴史的文化財の保全・整備、活用（太政官道や馬立本陣等の保全、活用）、③新しい観光資源の整備、活用、④観光施設、観光拠点の整備、活用（新宮インターチェンジ周辺における観光センター、駐車場の整備等）、⑤観光特産品の開発、⑥観光の広域的体系化が挙げられていた。村はこの新宮村新総合計画を実現するため、自治省が所管する「特定地域における若者定住促進等緊急プロジェクト」の支援を受けることとし、一九九三年馬立本陣の復元等を内容とする「平成の新土佐街道整備事業」を申請したが、愛媛県から計画内容の不十分さを指摘され再検討を行った結果、翌一九九四年、馬立本陣跡前広場周辺に山村文化資源保存伝習施設、生産物直売施設、多目的広場、野鳥の森等の施設を配置（すなわち霧の森）するとともに、塩塚高原にオートキャンプゾーンおよびデイキャンプゾーンを設置（すなわち霧の高原）することなどを内容とする整備事業を同プロジェクトとして申請し、同年その指定を受けた。極度の過疎化と高齢化にあえいだ村では、定住促進というプロジェクト名とは裏腹に定住人口の増加を諦め、奇しくも村議会が定住促進策を決議したのと同じ一九九二年に開通した高知自動車道の新宮インターチェンジを活用し、霧の森・霧の高原を建設して交流人口の増加に活路を見出そうとしたのである。

新宮村は東京から外部アドバイザーを招致する一方で、村内に協力を呼びかけた。外部アドバイザーは新宮村を視察するなかで、四国霊場八十八カ所等が存在する四国全体の風土、観音浄土信仰を基礎とした熊野信仰との関わり、新宮村の立地条件・自然資源・歴史文化資源等をふまえて村全体が観音浄土であるというイメージを抱き、「信仰と癒し」を霧の森のメインテーマに掲げて「観音浄土館」「木の館」「清水の館」「石の劇場」、シンボルである観音像を建てる計画を「新宮村活性化第一次基本構想」としてまとめた。アドバイザーは一九九五年、新宮村中央公民館において「これからの村づくりの一手法　新宮村の新しい物語づくり」と題する講演会を行い、村もまた「日本人の心のふるさと新宮村観音郷とはこんなとこ」と題する冊子を作成した。この冊子は、熊野（和歌山県）と新宮村との結びつき、観音信仰についての説明がなされているほか、新宮村としても人々から崇められ尊ばれる観音に対する思い入れや観音浄土への憧れを文化的かつ現代的に置き直し、観音を感じさせる村づくりをすすめて「新宮村観音郷」の実現を図っていくなどと記載されていた。また、村として「観音性」を感じさせるさまざまな要素を整備していく予定であること、観音シンボルに彩られた「いこいの里」の建設を目指すことなども記載されていた。

村は一九九六年三月、「新宮村新総合計画　ナチュラルビレッジ新宮　後期基本計画（一九九六〜二〇〇〇年度）」を策定した。ここでは、「魅力ある観光開発と復興　日本人のこころの故郷『新宮村観音郷』のうちたて」と題され、基本方針の一つとして、「新宮村の奥深い歴史文化と豊かな自然とを結びつける新しい物語として、新宮村を日本人の『こころの故郷』として位置づけ『新宮村観音郷』をたちあげ『観音性』を感じさせるさまざまな要素を整備していきます」などと改めて記載されている。

だが、「お茶と癒し」を掲げたかった住民の考えとは相容れなかった。結局その住民の声が届くことはなく、外部アドバイザーのまとめた「新宮村活性化第一次基本構想」が履行された結果、公金で観音像を建てたことが後に政教分離の訴訟に発展した。これを端緒として、次第に村民の心は離れていく。村は直営ではなく第三セクターの会社を設立させて霧の森・霧の高原の運営にあたらせることをすでに決めていたが、この会社の正社員は広く全国公募で迎え入れることとした。社名は村役場職員の案で「株式会社やまびこ」と決まり、転職雑誌を手がける大手出版社が東京で開催した転職フェアに新宮村としてブースを出すなどして積極的に社員を募集した。このころ、村が発行した案内パンフレットには「新しいふるさとが見えてきた」と題し、次のような夢が語られている。

ゆったりと流れる時間のなかで、大自然の息吹を満喫できるふたつのネイチャーレジャーゾーンが誕生します。

ひとつは、新宮インターに隣接する「文化いこいの里」（建設段階の事業名。後にこれに「霧の森」の愛称がついた）。広々としたのどかなエリアに、ふるさととの文化や産業をさまざまな形で興味深く紹介する多彩な施設が集まっています。

もうひとつは、塩塚高原の「高原の里」（同じく事業名。愛称は「霧の高原」）。アウトドアスポーツのメッカとして、高原のすがすがしさを体感できるビッグサイズの遊びの舞台が誕生します。

自然とふれあい、人と出会い、あたたかな心が通いあう。新宮を訪れてよかった、この村に住んでみたい。そんな思いを育む核として、大きな期待がよせられています。

この美文ではすっかり「新宮村観音郷」構想は鳴りを潜め、あふれる大自然を前面に押し出したものに仕上がっていた。

そのころの私はといえば、東京で勤めていた出版社を辞め、次の職を探し始めたところであった。どんな偶然か、このパンフレットやUターン・Iターン者を対象とした転職雑誌を見て、あるいはまた別の者は東京で開催された転職フェアに参加して、総勢十数名が村に沸き起こっている深刻な問題も知らず、大阪、名古屋、横浜、東京などから続々集まって入社したのである。私は入社試験までに二度新宮村まで足を運んで役場職員に村内を案内してもらい、新宮がたんなる自然だけの村ではなく観音信仰も含めて歴史性を持った村であることを知ったうえで、ここなら何かできるという直感を持っての決断だったが、それも確信ではなかった。着任時に手渡されたアドバイザーの基本計画書は「信仰」が「歴史文化と物語世界を通した慈しみの心」と書き換えられていた。

着任したメンバーはそれぞれに担当分野の準備作業をこなそうとしたが、いずれも観光施設で働くなどの経験がない者ばかりで、何から手をつけてよいかほとんどわからないまいたずらに時間が過ぎた。それでも開業までの時間が無尽蔵にあるわけでもなく、連日深夜におよぶ準備作業を必死で行った。また松山のアンテナショップ開設が急遽決定されたのもこのころである。すでに菓子工房で試作を終え商品化の準備が整った菓子類を一日でも早く市場に出したいというスタッフの思いが募り、観光施設のオープンに先駆けて県都・松山市において観光情報の提供と商品の販売の両機能を併せ持った店舗をオープンすることになったのである。しかしこのことがスタッフの余裕を失わせ、「信仰と癒し」に代わるメインテーマが十分に議論されないままオープンに向けて突き進む原因となってしまった。

その後も地元の主婦層を中心にパートタイマーの採用が進み、このころには株式会社やまびこのメンバーはおよそ四〇名となっていた。

ソフトウェアとしての新宮茶

開業準備を進めるなかで、何人かの村民と話をしたが、村民が自分たちの村に誇りを持ちきれていないことを感じざるをえなかった。新宮村出身であることを隠したいと思ったり、早く合併して村という呼称が消滅してほしいと考えたりしている人がいることなどを聞かされたのである。おそらくこれまで町に追いつくために利便性を求めた結果さらなる村の過疎化を生んだという事実が、村民としてのアイデンティティを揺るがしてきたからに違いない。

それは健全なこととは思えなかった。村おこしはすなわち地域を賑やかにしたい、活性化したいということであるが、そう思う理由はもちろん地域を愛しているからであって、少なくとも隠したいとか消滅してほしいなどという願いの先に村おこしがあるはずがない。このことから、「村民が自分たちの生まれ育った新宮村に誇りを持てること」、「自分は新宮村の出身であると胸を張って言えること」が目標になりうるのではないかと考えるようになった。そうなってはじめて新宮村の村おこしが成功するのだと。

では次にどうやって観光施設でそれを実現するのか。それが最大の問題であった。観光施設を享受するのは外来の客が大半なのであって、地域の住民が主役ではない。そのような場でどうやって真の意味での村おこしに取り組むのか。さらに、当時全国で似たような観光施設型の村おこしが盛んであったが、そのほとんどは単年度主義の行政が音頭を取るため、ハードウェアすなわち箱物の建設で知恵と財源を使いきってしまい、そこから先の肝心なソフトウェアがないといった状況であった。たとえあっても、とってつけたような特産品の開発程度の取り組みに終始していた。その程度で何ができるのだろう。そんな目で我が新宮村を改めて見つめなおしたとき、無農薬の新宮茶に目が止まらぬわけはなかった。産業として新宮に定着してすでに五〇年を数える新宮茶であれば、他所のようなにわか作りの特産品ではない。無理やり作ったものなど、村民の協力を得られるはずがないのだ。

もちろん誰もが新宮茶の存在に気づいていた。いうまでもなく新宮村の特産品であり、霧の森の菓子工房でもこの新宮茶を原料に使用したものはいくつか試作されていた。しかし霧の森オープンの当時、この新宮茶が後に村おこしを劇的に進展させることになるとまでは、運営会社である株式会社やまびこの従業員の間では意識されてはいなかった。無形の「信仰」を村おこしの核に据えようとしていた後遺症もあったし、有形のものにしても山里のイメージから豆腐を中心に推す意見も根強かった。まさに従業員によって千差万別、確固たるテーマはなんら見えてこなかったのである。

そんなとき、新宮茶を巡る村民の両極の感想を得た。

村内のお茶のパイオニア、脇氏の営む製茶場の売店を訪問した際に三代目社長に淹れて頂いた一杯の新宮茶。文字どおり日常茶飯といった軽やかな所作で淹れられたお茶は私が知る限りではかなり薄い水色《すいしょく》で、これに本当に味や香りがあるのだろうかと疑った。しかし社長の顔を窺い見ると自信たっぷりの表情。どういうことかわからず恐るおそる口をつけてみたところ、身体中に衝撃が走ったのである。これまでに経験のないほど鼻に抜ける強烈な香り、野草をイメージできる若々しい青さ、口中にじんわりと広がる甘み、それらが一気に嗅覚や味覚に訴えかけてきたのである。しばらく呆然としたが、ふと我に返ってその感想を言葉にして伝えた。社長はそんなことはさも当然といった表情でニコニコとして言った。「おいしいでしょう。この香りは日本中どこのお茶にも負けない」。新宮茶の実力をまざまざと見せつけられた瞬間だった。

一方、ある村民の家を訪問した際にも一杯の新宮茶を供された。「お茶どうぞ。田舎のお茶なので、それほどおいしくはないけれど」と控えめな言葉を添えて。社交辞令の謙遜の弁であることは想像に難くなかったが、一口飲んでやはり感じた強い香りと旨みをそのまま伝えた。が、そこで聞かれた村民の声にまた驚かされたのだ。「そんなに？　そう言ってもらえて嬉しいけれど」。この人は新宮茶のおいしさを知らない、香りがいいと知らないでいるとそのとき悟った。後でわかったことではあるが、お茶どころではわざわざ他所のお茶を購入してまで飲む機会がなく、したがってほかのお茶と比較してみての新宮茶の味わいというものを知らなかったのである。

新宮茶の強い香りは無農薬のなせる業であった。農薬を与えると茶の木は安心しきって怠けてしまうが、無農薬栽培では病害や虫害からの自衛のため、茶の木が自らの生命力を高める。この結果として香りが高くなるのは当然の帰結であった。製茶場と村民ではこの同じ新宮茶の評価が同じではなかったが、この違い、すなわちプロからは高く評価されている新宮茶が村民によっては過小に評価されていることこそがこれからの伸びしろであるように直感的に感じた。これは前職である編集者の職業病かもしれない。雑多なものから価値あるものを拾い上げ、磨いて世に問うのが編集者の魂なのだ。余談だが、前職の話をするとよく畑違いの仕事ですねと言われる。しかし自分のなかでは書籍の編集と村おこしは根本がまるで同じであるとさえ考えている。

とにかくこの新宮茶がしかるべき場所で正しく評価され、その評価を村民が共有することができれば、あるいは新宮村の村おこしにつながるのかもしれないと、そのとき感じたのである。製茶場の苦労が報われるのはもちろんのことであるが、それほど大したものではないと思っていた人たちにとっても自分たちの作った新宮茶に価値を見出し、自分たちのこれまでの取り組みに誇りを感じることにつながるのではないだろうかと。しかも新宮茶であれば、新宮村のほぼ全戸が栽培や加工に従事していると聞いていたからなお好都合であった。一部の人だけでなく、村全体を巻き込んでの村おこしに新宮茶が大きな役割を果たすことはもはや必至であった。この段階になってようやく、新宮茶を村おこしのアイテムとして使うことができる、いや新宮茶しかありえないと確信するに至ったのである。

そして新宮茶は、かつて村民が望んだ利便性の延長線上にあるものではなく、新宮村にしか存在しえないものであった。新宮村の村おこしは「農」にすべてを託したのである。

霧の森大福

しかし急須を持っていない若者が増えるなど、家庭での日本茶離れは看過できない状況にあった。お茶といえばペットボトルを自販機で買うものだという若者の認識に対し、いくら新宮茶がすばらしいからといってお茶をそのまま勧めたのでは需要が増えるはずもなかった。

そこで霧の森では脇製茶場の考える「食べるお茶」としての新宮茶の利用を菓子という形で具現化した。最終的にはもちろん「飲むお茶」として新宮茶を広めていきたいが、時代的にいきなりそれが難しいならまずは「食べるお茶」として展開していこうという考え方である。

冒頭で霧の森大福が中心となって物語が展開すると言った割に、その大福はようやくここにきて登場する。

オープンに向けて菓子工房で開発された菓子はいくつもあったが、新宮茶を使ったもののなかでもっとも特徴的なのが霧の森大福であった。

霧の森大福は、構造としては中心に乳製品であるクリーム、その周りにこしあん、さらに抹茶を練りこんだ餅でそれらを包み込み、表面に色濃くまぶした抹茶の層を加えて四重構造になった大福である。餅に練りこんだ抹茶および外側全体にまぶした抹茶はいずれももちろん新宮村自慢のかぶせ抹茶であった。かぶせ抹茶とは、茶摘みの十日ほど前から茶の樹に被覆をかけて日光を遮ることで渋みを抑えて甘みを増し、また葉緑素を増して色鮮やかに仕上げた非常に手間のかかる貴重なもので、その味や色はまさに菓子に使うのにうってつけの特徴を持っていた。

図３　霧の森大福

なかにあんが入っているのは大福として当然の姿であるが、クリームまで入っているとなると当時はほかにそれほど例がなかった。「和菓子にクリーム？」といったミスマッチを指摘する声は今でもよく聞かれる。しかし一口食べてみると誰もが一様に驚く。最初口の中いっぱいに広がる抹茶のほろ苦さのあとにこしあんやクリームの甘みが広がり、最後にまた抹茶の苦みが後味の余韻として残る。端的に言って、おいしいのだ。

　これにはちょっとしたトリックがある。構造としてはもっとも外側に位置する抹茶ともっとも内側に位置するクリームが口の中で一体となったとき、誰もがこの大福のおいしさを実感するという。それもそのはず、抹茶とクリームの相性のよさはすでに誰もが抹茶のアイスクリームやケーキで体験済みにもかかわらず、それが和菓子として示されたとき、常識や経験よりも違和感が先行してしまうのである。もちろん霧の森大福のおいしさの要因は極上の無農薬かぶせ抹茶に尽きるのであるが、実はこの意外性の産物でもあったのである。

霧の森大福がその後、霧の森そして新宮村の将来を握るキースイーツとなるのだが、まだこの時点では誰もそれを知らない。

順調な滑り出し

村おこしの核になるのは新宮茶であるという確信を深く突き詰めて考える前に容赦なく開業日は迫り、観音郷構想なき後のメインテーマが明確化されていない綻びを白日の下にさらしてしまうのではないかという心配な船出となった。

前述したように、新宮村の本体に先駆けてまず松山市のアンテナショップがオープンとなることが決まっていたため、その準備に全力を傾けた。松山店のスタッフが接客などのトレーニングを積んだのはもちろんであるが、新宮村の従業員も一週間ほど前から総出でクッキーを手作りで作りだめするなどオープンフェアで販売する商品の準備に追われ、ついに一九九九年四月一日のオープンの日を迎えた。店舗は松山城のロープウェー乗り場にほど近い一等地にあって、ここで村の命運を賭した勝負が幕を開けたのである。

この日は新宮村の従業員や村の職員が大挙して松山入りし、店舗周辺の商店街でビラをまいて新店のオープンを盛大に宣伝した。まず商品を知ってもらうことが大切であるという考えのもとに日替わりで特価品を用意し、四日間のオープンフェアは予測の三倍にもなる売上を記録し、その後の営業に弾みをつけた。

このアンテナショップオープンの意義は、県都・松山市に一つの営業拠点ができたということだけではない。オープンフェアで配ったビラには新宮村に観光施設・霧の森が翌月にオープンすることを高らかに謳っていたのである。新宮村は松山市からおよそ一〇〇キロ離れていて、松山市民の感覚では県の東端の山奥にしかすぎず、通常であればそこを訪れることなどなかったであろう地域である。しかしこのアンテナショップを開いたおかげで新宮村を強くアピールすることができた。

一方、新宮村の霧の森本体は大型観光施設にもかかわらず従業員のほとんどが素人という状態であったため、利用客に迷惑をかけぬよう段階的にオープンさせることとし、五月

図４　霧の森菓子工房・松山店

一日、まず宿泊施設「霧の森コテージ」が先行オープン、これに付随して宿泊客のみを対象として飲食施設「霧の森レストラン」も部分営業を開始し、五月二〇日～二三日は「村民招待デー」と銘打って新宮村民のみを招待してはじめての全体営業、そしてついに五月二五日、全館グランドオープンを迎えた。

従業員誰もが緊張のあまりガチガチの接客であったが、松山店での宣伝が大いに実を結び、霧の森は大盛況のオープンとなった。グランドオープンの五日後には村内最大の祭、「新茶まつり」がその年からメイン会場を霧の森に移して開催され、またその一週後には霧の森のオープンを祝して「霧の森オープニングイベント」も開催され、それぞれ一日で

図５　霧の森全景

五〇〇〇名近い来場客を迎えた。美術館と史料展示室が一体となった「いまはむかしミュージアム」も観覧待ちの行列ができ、レストランが一時間待ちとなったり二階の宴会場は連日連夜宴会の利用が入ったりするなど、従業員は毎夜零時を回るまで片づけと翌日の準備に追われるほどの盛況ぶりで、メインテーマが不明瞭という最大の心配はまったくの杞憂に終わるかと思われた。

3　岐路に立つ新宮村

運営に陰り

しかしそのような活況がずっと続くわ

けではなかった。秋ごろから次第に客足が遠のき、雪がちらつく一二月にはついにミュージアムの入館者がゼロの日も出てくるなどすべての施設に容赦なく閑古鳥が鳴くようになった。あまりの急降下ぶりに、従業員の誰もがその異変をうまく飲み込めないでいた。夏のピークを乗りきるために地元のパート雇用を増やしたが、秋になってその雇用を維持できるか怪しくなった。もちろんいわゆるオープン祝儀と呼ばれる、物珍しさからくる一過性の特需があることはわかっていたから、夏が過ぎれば入込客にしろ売上にしろ、ある程度の減少は予見していた。が、それを差し引いても通常のベースとなるべき売上がきちんとあるだろうと読んでいたし、むしろ冬までに半年営業したことで認知度も高まってベース自体が確固たるものになっているという楽観が誰にもあった。しかし物見遊山の団体旅行があふれる時代では、すでになかったのである。ただ名所旧跡や神社仏閣を見物するだけ、名物銘菓を求めるだけの旅行はもはや過去のスタイルとなっていた。明確なテーマ性を持った施設やその土地でなければ体験できない生活など、それまで旅行の対象と考えられていなかったものが脚光を浴びるようになっていたのである。折しもわが国に蔓延していた不況のあおりも受け、コンセプトのぼやけた霧の森の運営はすぐに岐路に立たされた。オープン前に「村に活性化への道を開くはずの事業はまた、村を危うくする可能性も秘めている」（毎日新聞、一九九九年五月一六日付）とされた心配が早くも現実味を帯びてきたのである。

このころ、新宮村議会でも霧の森の苦境が取りあげられるなど、霧の森を取り巻く環境は厳しさを増していった。平日のコテージ宿泊料金を安くしてはどうか、旅行代理店と提携して団体客を乗せたバスを誘致してはどうかという外部の意見が数多くもたらされたのもこの時期である。その都度、宿泊料金という無形のものはこちらが決めた金額がすべてなのだからそれを自ら割り引くということはそもそもの定価に疑義を生じることとなることや、霧の森を訪れることをとくに望んでいないのにバスで連れてこられただけの団体客に霧の森の印象を残すことはほぼ困難であるにもかかわらず、そのバスを停車させるスペースを確保するために、意志を持って霧の森を訪れてくれようとする一般客の駐車スペースを奪うことは得策ではないといったことを縷々説明して霧の森を守ろうとしたが、後に長期的には正しかったといえるこの判断も、短期的には当座の赤字を増大させる原因ともなった。

開業初年度の営業を終え、結果は一七〇〇万円超の赤字となり、準備のみで収入のなかった前年の繰越赤字とあわせ、いきなり四五〇〇万円超の累積赤字をかかえることとなった。

この傾向は翌年も続き、地元紙もこの事態を的確にとらえ、「村おこしだと言って、観光施設に巨費を投じた結果、村は借金だらけ。村民が要望する事業は先送り。これでは『村倒し』だ」（愛媛新聞、二〇〇〇年一〇月二八日付）と村民の憤りの言葉を借りて新宮村の危機を報じた。この記事の見出しが「負の遺産」であったことは忘れもしない。開業三年を経過した二〇〇二年三月末の時点でついに累積赤字は七〇〇〇万円に届こうとしていた。

その当時、従業員はみな一様に表情も暗く、村の将来どころか我が身の明日をも知れぬ状況であった。村も霧の森の立て直しに躍起となり、村のＰＲ活動を会社に委託するという名目の宣伝委託費をじわじわと増額するなどしたが、これは実質的には赤字の補填だったのであろう。もはやいつ転んでもおかしくないところまできていた。

そんなある日、霧の森の状況を如実に語るようなできごとがあった。大福をはじめとする菓子を製造する工房の責任者に呼び止められてこう言われたのだ。

「明日、何を作ったらいいのでしょう?」

大福は製造工程で冷凍工程があり、作ったらそのまま冷凍庫へとストックされる。しかしその日、ついに冷凍庫に空きスペースがなくなったのだ。作れども売れない。村の将来を背負っていたはずの大福はいまや村どころか自分たちの会社の灯さえ消しかねないお荷物となっていたのだった。

背水の陣

そうなってしまった原因は痛いほどわかっていた。待ち商売の限界である。観光施設の本分として客を待つ姿勢を崩せなかったのだ。巨費二五億円も投じて建設された霧の森は客に利用してもらってはじめて価値があるという概念から抜け出すことができなかった。だが、冬になって雪がちらついて客足が遠のいたことがすべてを物語るように、心地よいシーズンならともかく、それ以外ではわざわざ行くほどの魅力に乏しいのだということを痛切に感じさせられた。

観光施設としては客を受け入れなければ成り立たない。それは当然である。しかし客を受け入れるためにはまず発信しなければ客には響かない。そして発信すべき魅力が何一つない事実をここにきて突きつけられたのであった。

「ねぇ、平野さん……」。

工房の責任者に再び問われ、ふと我に返って口をついて出た言葉は「インターネットでなんとかするから」だった。勝算があったわけでもない。口から出まかせに等しかった。

すでに地元の役場や病院などで会議机一本を借りての細々とした出張販売を始めてはいたが、それだけではとても在庫の山は捌けそうになかった。さらに規模の大きい販路を開き、もっとダイレクトに大消費地とつながって新宮村を発信しつづけなければ状況を好転させることは困難であるという危機感がつい「インターネット」などと口を滑らせたのだろう。大学時代にはじめて国内で開設された「学術ネット」に触れたとき、今ではあたりまえであるが京都大学にいながら高知大学の所蔵する美術品目録を見ることができることに衝撃を受け、従来であれば物理的距離の制約で諦めざるをえなかったモノやコトがこのネットワークを使うことで可能になるのだということの記憶だけがただ頼りだった。

ストロー現象という経済用語がある。便利な地域と不便な地域を結ぶと、まるでストローで吸うかのように、不便な側が便利な側に人的にも物質的にも吸い取られるという現象である。たとえば新幹線が整備されればされるほど地方がさびれ、東京にすべてが一極集中するというのもこのストロー現象で説明される。九州新幹線が全通して鹿児島に貼られたポスターは、日帰りで博多への買い物を促す内容だった。ストローの両端に同じようなものを並べれば、便利なものや強いものが不便なものや弱いものを凌駕するのは当然である。それでどうやって地方が自立していけようか。幸か不幸か四国には新幹線はないが、高速道路をはじめとする近代的な交通路が新宮村の将来を吸い取っていったのはまさしくこのストロー現象であるといえる。そうであるなら、それよりさらに近未来的なインターネットという交通路を活用して、そのストローの片側に新宮村にしか存在しえないものを置いて発信すればいいのだ。新宮村の魅力はこちら側にのみ一方的にあるから、それは吸い取られ尽くすようなものではなく、無尽蔵に分け与え発信しつづけることができる。しかも道路と違ってインターネットは願う所どことでも直結することが可能だった。ならばつながるのはいきなり東京でいい。願いは大きく、だ。確たる根拠はなかったが、狙ったのは逆ストロー現象とでも言おうか。

工房の責任者はそれ以上何も言わずその場を去っていった。おそらく何を意味のわからないことを言っているのだろうと思ったか、あるいはインターネットに足がかりを設けるのはよしとしてもすぐに成果が出るわけはないだろう、相談したいのは明日の仕事のことなのにと落胆したに違いない。こちらも言ってしまったからには、本当になんとかしなければならなかった。

すぐに情報収集を始め、インターネットショッピングのモールとしていくつかの事業がスタートを切っていることがわかった。そのなかから株式会社ＤｅＮＡが運営する「ビッダーズ」に注目し、説明会に出席した。なにしろネットショップというものはモールが受注から発送、決済まですべてやってくれるのだと勝手に勘違いをしていたころのことである。実際にはモールは受注までしかしてくれず、あとの発送や決済は各店舗が担当するというのは今や常識であるが、この当時はそれさえも知らないほど無知であったし、またそのような常識も世にまだ形成されていなかった。説明会ではきっとわかりやすく説明をしてくれたはずであるが、実はよく内容が理解できないまま二〇〇一年一〇月ビッダーズと契約し、ついにインターネットにおいて霧の森大福や新宮茶の本格的な販売に踏み切ることとなった。ビッダーズに着目したのは、当時のビッダーズがモール業界で楽天市場、ヤフーショッピングに大きく水を開けられた三番手だったため、ビッダーズ自身がほかとの差別化のためにスイーツ部門に力を入れようとしていたこともあった。しかし、三番手だからこそ出展業者も少なく、将来トップランキングに輝くチャンスがもっとも大きいと踏んだことが最大の理由であり、実はこの選択は後々奏功することになる。

ここでしか作れないものを全国に売る。インターネットで事業を展開し、高度に発達した昨今の物流網を使えば、山間であっても不利な点は何もない。むしろ安全・安心を求める都会の消費者に、清冽で実直な山村をダイレクトにつなぐことができる。これこそが霧の森に残されたラストチャンスにも思えた。

急ピッチで開店準備を整え、同年一一月、満を持してインターネット販売を開始した。オープン直後、開店記念にと今ではとても考えられないような「霧の森大福三〇パーセントオフセール」を自信満々にスタートさせた。だが、蓋を開けてみれば驚くことにまったくといっていいほど売れなかった。インターネットに載せたからといってすぐに売れるような簡単な世界ではなかったのである。

4 「霧の森大福」とインターネット

インターネットでの接客

当時のインターネット通販というと、まだ現在のように広範な利用者がいるわけではなく、一部の進取的な層が利用していたにすぎなかった。インターネット通販には実社会ではあたりまえのサービスも確立されていなかったし、またそのことを疑問に思う利用者もまだ多くはなかった。

しかし何度か個人的にインターネット通販を利用してみるうち、次第に違和感を覚えるようになった。そこに「人」がいないのである。お世辞にも商品の状態がよくわかるとはいえない画像と説明文だけを頼りに判断し注文を入れてみると、店舗からは自動返信と思しき画一的なメールだけが届き、しばらく音信不通の後、こちらが忘れかけたころに突然商品が届く、といった具合だった。確かに物を買っているはずなのに、一連の購買行動のなかに人の存在を見出せないのである。商品について尋ねたいことがあればどうすればよいのかもわからなかったし、そもそも質問してもどうせ返ってこないだろうと諦めざるをえないページの作りであったから、人と関わりたくても関われなかったのである。

霧の森がインターネットで商売を始めるにあたって、どうしてもこの点だけは改善したかった。霧の森は商品を左から仕入れて右へ売るというような店ではない。この新宮村にしか存在しえない商品を自ら製造し、それをどこに卸すこともなくまた自らの手で客に直接販売して、新宮村のよさを伝える村おこしの拠点なのだ。そこに人がいないなどということが許されるはずはなかった。

しかし実際にはインターネットの注文はメールという形で入り、そこにはすでに購入商品や数量、届け先や支払い方法など必要事項が網羅されていて、人がほとんど介在せずとも商売ができる仕組みが整っている。人件費に神経を尖らせている店舗にとってはそこがインターネット通販の魅力なのである。

　では霧の森はどうやってそこに人を存在させるか。しばらく悩んだが、結局取った方法は至極当然のものだった。注文のメールが客から届くとほかの店舗と同様に自動返信メールが客のもとに送信されるのは致し方なかったが、そこにもう一通、自分の言葉で書いた、肉声が聞こえるかのようなメールを客に届けたのである。インターネットの弱点とは顔が見えない、声が聞こえない、匂いが嗅げない、触ることができないなど、およそ人間にとって大切な感覚をほぼもがれた状態であることだ。これを補うためには、メールに人の温もりを乗せなければならない。商品の届け先を見て知っている地ならその地の話題を、注文時の客からのコメントがあればそれに応える形でメッセージを書いたメールである。たまたま新宮村に移り住む前に東京で独り暮らしを始めたころの住所を注文メールに見つけたときは、そこでよく利用したスーパー銭湯の話題を書いた。敬老のプレゼントにしたいという客のコメントを見つければ、自分の祖父母の話を書いた。そしてさらに客に、こちらからのメールに返信をすることを義務づけたのである。義務づけるというともちろん語弊があるが、返信が返ってこなければ商品は送らないという約束ごとを設けたので、実質義務づけたといっていい。この、肉声を一言添えつつ返信を強要するというメールを一通送信することこそが、霧の森が実現しようとした人の介在するインターネット通販だったのである。

一言添えられているのはいいとして、返信をしなければ商品を送らないとは何ごとかと感じる向きもあるかもしれない。しかし結果としてこの方法が大きな成果を生んでいく。一見、客側にとっても店側にとっても非常な手間のように映るこの販売法は、しかし客から高い支持を得た。それはつまり、無機質だった当時のインターネット通販に、実店舗では当然の「接客の心」を客が感じたからにほかならない。「なぜ返信しなければならないのか」とか、「そんな面倒なことを客に強いるな」といった声は皆無だった。これはもはやインターネット上の接客と呼んで差し支えない。

そして客に返信をお願いした以上、その返信が返ってきたら即座に商品を発送するように心がけた。たとえば午前中に入った注文を例にとると、こちらからのメールに対して午前中のうちに返信が返ってくれば、商品はその日の午後便で出荷し、一部の遠隔地を除けば翌日の午前中には手にしてもらうことができた。客から見れば、一見時間のかかりそうなメールの往復という手続きを踏んだにもかかわらず、四国の山奥から商品が二四時間以内に届くというのはかえって実際以上に早く届いたように感じられたのかもしれない。返信をしさえすれば翌日に商品が届くという迅速さが、さらに次の客のすばやい返信を後押しした。

インターネットという仮想空間上で展開した接客と、現実空間上の山間僻地という弱点を克服した迅速な物流サービスが次第に好評を得るまでにそう時間は必要としなかった。現実空間の「口コミ」にあたる「書き込み」がインターネットの特徴であるが、インターネット上に店をオープンさせた当時は「意外とあっさりしていました」とか、「お餅が柔らかくておいしいです」といった商品の味に関するものが大半を占めていた。が、徐々に「丁寧なメールで商品到着まで安心して待つことができました」とか、「迅速な対応ありがとうございます」といった店のサービスに関する書き込みが増加し、さらに「対応が確かなので次はどの商品を頼もうか今からワクワクしています」、「霧の森のお菓子ならどれもおいしそうな気がします」という少しこそばゆいようなものまで書き込まれるようになり、インターネット上の接客が実を結んだことを実感した。商品のおいしさと店の温もりが連関を持つに至ったのである。

当時さらにインターネットでの情報発信の手法として脚光を浴びつつあったメールマガジンを霧の森も創刊した。メールマガジンとは登録者にメールを用いてさまざまな情報を届けるものであるが、霧の森は観光施設の紹介やイベントの案内、またビッダーズでの商品販売をこのメールマガジンに載せて発信しようと考え、二〇〇二年三月に創刊準備号として通巻〇号を配信し、四月から隔週で発刊を開始した。その名も「霧め〜る」と題したが、読者は一般の顧客は数名のみで、あとはすべて従業員という船出であった。

状況の好転

ひとたび上向くと一気に上昇気流に乗れるのがインターネットの世界だ。インターネットで買い物をする客はまず書き込みページを開いて、その店あるいはその商品の評判をチェックするのが一般的である。そのページに、先述した「霧の森のお菓子ならどれもおいしそうな気がします」などといった書き込みを見つけたら、一度も利用したことのない客であってももう購入を躊躇する理由はない。注文が新たな書き込みを呼び、また書き込みが新たな注文を呼ぶという好循環のスパイラルが回り始めたのである。日増しに増える注文に手応えを感じ始めた。

インターネットで販売を始めてほぼ一年後、まず新聞がこの状況を報道した。

「『霧の森大福』が大ブレイク。生産が追いつかないほどの人気になっている。（中略）

赤字経営に悩む三セクには、文字通りの〝大福〟となっている」（毎日新聞、二〇〇二年一二月二〇日付）。

この手応えはこの年度の決算で、わずかではあるが初の単年度黒字として結実する。

ついで翌二〇〇三年春には関西の情報誌『関西ウォーカー』でも霧の森大福が「手土産に持っていきたいスイーツ」として取りあげられ、その記事を目にした読者からの注文が続き、四月三日から四日間、ビッグダーズの「過去二〇日間の販売点数ランキング」において当時のビッグダーズ取扱商品全六五万アイテムの中でトップランキングに輝くに至った。前述したように、三番手のショッピングモールであったビッグダーズを選んだことがここで功を奏したのである。一番手、二番手のモールであったらこうはいかなかったであろう。

ビッグダーズでトップランキングに輝いた霧の森の勢いを、新聞は翌年に迫った市町村合併と関係づけて次のように報じた。

「来年四月に伊予三島市など周辺三市町と合併し、『四国中央市』となる新宮村で、第三セクターやまびこが考案した和菓子『霧の森大福』に住民の期待が集まっている。平成の大合併で、都市部と合併する小さな自治体には『市中心部に人口が集中し、周辺地域は過疎化が進むのでは』という不安がつきまとい、地域の生き残りのために、独自の情報を発信じ続けることが求められる。小さな創作和菓子は、その先兵として期待されているのだ。〈中略〉〈新戦力〉開発で地域の生き残りをかける人口千八百人の新宮村の挑戦は、これからも続く」（読売新聞、二〇〇三年五月五日付）。

「インターネット通販で日本一」というフレーズはまた、テレビ局の格好の題材となり、地元情報番組「もぎたてテレビ」（南海放送）において新宮村特集が放送される際の中核の話題として「日本一のお菓子があるそうですが？」と取りあげられるまでになった。後の放映当日には番組がまだオンエアされている間に、霧の森に県内から多くの客が霧の森大福を求めて殺到し、ついにはじめて店舗の営業中に在庫が切れ完売する事態となった。

この活況ぶりはニュース番組でもしばしば取りあげられ、また雑誌や新聞での紹介も相次いだ。霧の森大福は安定的な売れ行きを維持し、二〇〇三年度には純利益一九〇〇万円を超す大幅の黒字決算となり、その後年を追うごとに黒字幅は拡大していくことになる。

またこの時期、新たな販路として全国の主要百貨店における物産展などに直接足を運び、霧の森大福や新宮茶を販売する外販事業をスタートさせた。当初は愛媛県内の松山市や今治市などの百貨店の一角を借りて販売を行っていたが、その後評判を聞きつけた全国の有名百貨店のバイヤーから引く手あまたとなって次第に出かけるエリアが広くなり、関西や関東、その後さらに北海道や鹿児島にまで出かけて販売をするようになった。販売だけなら外部の販売員に任せればよく、事実、ほかの業者は会場の設営のみに出向いて肝心の販売は現地で雇用したその場限りの販売員にあたらせることもあるが、霧の森が外販を行う最大の目的は新宮村を知ってもらうことであるため、必ず新宮からスタッフが販売に直接出向いた。その場で淹れたお茶の試飲では、そのおいしさのみならず四国でもお茶が穫れることに驚く人が多い。物産展は、このような新宮茶の存在を知らなかった客に驚きを体験してもらえる貴重な場であった。また、遠方に住むインターネット通販の顧客や徐々に配信数（実際の雑誌でいう発行部数に相当する）を増やしていたメールマガジン「霧め〜る」の読者と実際に顔を合わせて会話することも可能となった。

二〇〇四年四月、新宮村はついに近隣市町である川之江市、伊予三島市、土居町と合併し四国中央市として再出発した。新宮村がなくなろうとも霧の森の運営に目立った違いが出るわけではないが、内情は大きな変化を生じていた。当然といえば当然であるが、霧の森を運営する第三セクターが新宮村から四国中央市に移管されたのだ。これはいわば親会社の合併に相当する。通常であれば第三セクターとして担わなければならない範囲がこれまでの新宮村から四国中央市全体に拡大することになる。しかし、新宮村に特化して村おこしに取り組んできた特殊事情に配慮した初代市長の英断で、合併後も当面は新宮地域の村おこしに専念してよいというお墨つきを得た。おそらくここでありふれた判断を下されていたなら、その後の霧の森の快進撃はなかったのではないだろうか。

合併するやいなや新市の職員から、霧の森大福のパッケージに印刷されている「新宮村」という表記を「四国中央市」に変えるように要請が入ったりもした。もちろん製品の裏に記載する製造者所在地などは新宮村と表記することは法律上できなくなったが、商品名に冠する新宮村の表記はそれとはまったくわけが違う。そうした話には、「新宮村」はすでに自治体名ではないが、ここに確かに存在した一地域名として、また新宮村民が今まさに新宮茶とともに外の世界に打って出ようとするときに必要な旗印、すなわちブランドとしてこれからも使用していくことを説明し、退けた。同じ理由で、松山店の正式店名は今も「新宮村　霧の森菓子工房　松山店」である。

爆発的ヒット

合併してからしばらくは平穏な時間が流れた。相変わらず霧の森大福はよく売れていた。インターネットでは月におよそ一〇〇万円ほど売れていたが、当時のインターネット通販では月に一〇〇〇万円を超せばよく売れる店舗とみなされる業界基準のようなものがあったので、霧の森も漠然とその基準を目標にしていた。それに向けてビッダーズの担当者と打合せを重ね、まずは月に三〇〇万円売ることを目標にすることになった。九月、敬老の日に合わせてギフトセットを用意し、これにメールマガジンでの宣伝を重ねて、ついに単月売上で三〇〇万円を突破することができた。翌月、目標はさらに高く五〇〇万円に設定された。そして一〇月二六日深夜、ついに運命の「『ぷっ』すま」（テレビ朝日）の放送を迎えることとなる。

その日、人気の深夜番組「『ぷっ』すま」で大福が紹介されることはあらかじめ知らされていた。番組中の「ココイチ当てましょう」というコーナーでビッダーズの上半期グルメヒット番付の一位をゲスト出演者が当てるという企画だった。そしてなんと霧の森大福がその一位だったのである。ビッダーズの担当者からは、番組で紹介されることは事前には客には知らさないでほしい、また人気番組かつ番付一位のインパクトもあるので在庫は一〇〇箱ほど確保しておいてほしいという連絡が入った。さらにテレビの影響は長くて一週間なのでその間耐えてほしいとも。全国放送の大型番組での紹介は初めてだったので、言われるがまま準備を整え、番組放送を待った。

もともと深夜番組であったが、当日何か突発的な事件が起きて放送開始が数十分遅れ二三時五〇分にずれこんだ。これでおそらく番組を見逃す人が増え、確保した一〇〇箱も捌けないだろうと残念な気持ちのままスタートした番組を見ていた。〇時五分、「ココイチ当てましょう」のコーナーが始まり、ゲストがおもしろおかしく珍答を連発する。番組は淡々と進行していた。そしてついにゲストが霧の森大福が一位であることを正解し、人気の女性タレントが一口食べて「これおいしい！　私、絶対買う！」とコメントした。このあとビッダーズの担当者がスタジオに現れ、番付について解説し、そのコーナーは終了した。〇時一〇分、どのくらい反響があるのだろうかと念のため開いていたパソコンにポツポツとメールが入り出した。もちろんすべてが大福の注文。一分に一〇件程度の注文が入るようになった。メールの受信が終わると次のメールがまた入ってくる。確保した一〇〇箱を突破しそうな勢いを察知し、急いで在庫を追加した。もちろん実際には商品は一〇〇箱ほどしかなかったが、注文だけでもまず受けつけて、順次製造しながら発送していけばいいと判断したのだ。〇時二〇分、受信がうまくいかなくなってきた。こんなときにトラブルかと思ってよく見てみて一瞬凍りついてしまった。「メール受信中（二五〇通）」と出ていたのだった。当時まだ新宮村に光ファイバーはおろかＡＤＳＬも敷かれておらず、インターネットの接続はＩＳＤＮだったため、二五〇通ものメールを受信するのに数分が必要だった。そしてようやく全メールを受信し終えたとき、画面にまた次の数百件のメールを受信しているというメッセージが表示された。止まらない。在庫を追加する。片っ端から売れていく。この繰り返しで気がついたら全部で四〇〇〇箱もの注文に膨れあがっていた。三時三〇分、ようやく落ちついた。ここで仮眠を取ったが五時三〇分ころからまた注文が入り始めた。おそらく番組終了後に回線がパンクしアクセスできなかった人が時間をおいて注文し始めたのだろう。朝を迎え店舗の営業時間になると電話がひっきりなしにかかるようになった。インターネット上ではまた在庫を足しては売れ、売れては足しの繰り返しとなり、一九時についに対応限界を超えて販売を停止した。番組放送から二〇時間の間に、インターネットや電話など、「『ぷっ』すま」を見た人からと思われる注文総数は五〇〇〇箱を数えた。これは当時の販売数でいえば半年分に匹敵していた。

その後もインターネットでの販売再開を望む声が多数寄せられ、二日後販売を再開したがまた一日で停止、その六日後に再開するも新たに三〇〇〇箱の注文に達した時点で完全に停止させた。別のテレビ番組「あさパラ！」（読売テレビ）での紹介がその晩に迫っていたからである。「あさパラ！」は関西ローカルでありながら、著名なお笑いタレントが出ていることから絶大な人気を誇る番組である。インターネットがパンクするのは目に見えていたし、もうそれ以上注文を受けてもいつ届けられるかわからなくなったため停止した。注文を受けるだけ受けて、その後やっぱり作れませんでした、というわけにはいかない。

一一月六日、ついにこの「あさパラ！」が放映されたが、そのお笑いタレントが霧の森にロケに来て収録した映像が流れたこともあって、この反響も凄まじいものがあった。工房内でわずか五名で大福を製造している様子などがテレビで流れ、なぜ少量しか作れないのかわかったという同情にも似た声も寄せられるようになったが、基本的にはなぜ商品がないのに立て続けにメディアに露出するのかという痛烈な批判がほとんどであった。

製造チームは粛々と大福を作り、出荷チームは出荷の準備に追われたが、この間ずっと「商品がないなら売るな」、「テレビに出るな」、「田舎の山奥にひっこめ」という罵倒に近いメールは止むことを知らなかった。電話も鳴り止まず、霧の森コテージの宿泊予約を入れようとする電話がつながらないなど、通常業務にも大幅な支障をきたすに至り、私は一つの賭けに打って出た。一一月一三日、すでに受けた全注文主に対して次のようなメールを出したのである。少し長いが全文を引用してみる。

すべてのお客様にお詫びと現況のご報告を申し上げます。

平素はまことにお世話になっております。また、当店のお菓子に対して、熱いご期待をお寄せくださっておりますこと、本当に嬉しく、また重く受け止めております。

このたび当店の「霧の森大福」が、
・一〇月二六日「ぷっすま」（全国ネット）
・一一月六日「あさパラ」（関西ローカル）
と二度にわたりテレビで紹介され、その反響たるや空前絶後といった状況で、多くの皆様にご迷惑をおかけする事態となってしまいました。

すでにお求めいただいた方で、まだ商品を手にされていないお客様、ならびに、購入したいのに、販売停止でまったく購入できないお客様、長らくお待たせしておりますこと、深くお詫び申し上げます。

今日はご迷惑をおかけした皆様に対し、現況をご説明申し上げたいと思い、本メールをお送りしております。


一〇月二六日「ぷっすま」放送直後〜一〇月二七日晩（取引ナンバー：９００４３９６

〜９０１５０２３）
予想をはるかに超えるご注文が殺到し、ご注文のお客様に対する個別の対応はまったく不可能となり、ついに販売停止となってしまいました。
連日連夜、製造および梱包・出荷作業に当たってまいりました結果、おおよそのご注文に対し出荷の目処が立ち、現在作業に当たっております方々（数日中の出荷となります）で、ほぼ最終となっております。
が、一部の方がまだご返信をくださっておりませんので、出荷ができません。ぜひ該当なさる方は早めにご返信をお願いいたします。
また、無事商品を手にされた方に対しても、郵便振替用紙のご送付が極端に遅れるなど、多大なご迷惑をおかけしておりますが、順次、経理処理を進め、次第にご送付できるようになってまいりましたので、未着の方はご不便をおかけしますが、今しばらくお待ちください。
一〇月二九日晩〜一〇月三〇日晩（取引ナンバー：９０３８３４６〜９０４８８５５）
販売停止となって以来、再開を望む声が殺到し、今度はメールや電話のパンク状態が看過できない状況となり、一〇月二九日販売を再開しましたが、在庫がないため「予約販売」という形をとりました。

ご注文時に、少なくとも「三週間」お待ちいただくことをご了承いただき、ぷっすま直後にいただいたご注文を処理しつつ準備を進めてまいりました。

この間、ご注文の方に対しほとんどご連絡がとれないままになっておりますこと、本当に心苦しく、またお客様にとりましてはとても不安なお気持ちになられているであろうことは痛いほど感じております。

さらにご連絡をいただきながら、それに対してさえもご返信申し上げる余裕がなく、ひたすら梱包・出荷作業に当たってまいりましたこと、深くお詫び申し上げます。

しかしながら想像以上にご注文が複雑で、予定の三週間以内にお届けできるかどうか微妙な情勢となっております。

ただいま、文字通り死に物狂いで処理を続けております。なんとか遅滞なくお届けできるよう全力を尽くしますので、なにとぞ事情をご賢察いただき、今しばらくお待ちくださいますようお願い申し上げます。

一一月五日晩〜一一月六日朝（取引ナンバー：９１２５２１８〜９１３００３８）

前回同様、お客様から販売再開を望む声が多数寄せられ、今回も「予約販売」として再開しました。

しかしながら、一一月五日の夕方に「今夜販売再開します」と皆様に向けてアナウンスしたメールが、システムの混雑が原因で、あろうことか販売再開後に配信されるという事態となり、事後に知らされてすでに購入することができなかったお客様から苦情が殺到しました。

また、すでにご注文いただきながらまだ商品を手にされていないお客様からは、次の注文を受けることに対する批判もいただきました。

お客様の立場に立って考えると当然のことで、当店としてお詫びの言葉もございません。しかし新たなご注文はさらに三週間のちにお渡しする「予約販売」であり、そのことによって既存のご注文に遅れが生じるようなことは一切ございませんので、どうぞご安心ください。

現在、三週間後の配送に向けて、急ピッチで準備を進めております。

なお一一月六日の朝、対応限界を超えて再び販売停止となり、そのまま現在にいたっております。

簡単ではございますが、ご注文日別に現況をご報告申し上げました。

いずれにおいても、テレビ放映後の空前のインパクトに対し、当店の対応力がまったく不足しておりましたことが、今回さまざまなご迷惑をおかけしたすべての原因です。

ＰＣ担当一名、製造担当五名、出荷担当一名、経理担当一名のみで奮闘しており、毎日明け方四時くらいまでかかってがんばって作業をし続けてもまったく追いつかない、というのが現実です。

なにとぞご理解たまわりますようお願い申し上げます。

また、当店の進むべき方向が、テレビ放送↓大量のご注文↓増売↓大量生産、という方向でいいのか、という大きな問題がございます。

「否」、です。

以前からのお客様ならご存じかと思いますが、本来なら当店は、こまめにご連絡してお客様にご安心いただき、ご注文のほぼ翌々日にお届けするのがモットーの店でした。本当にこじんまり営業していたのです。

それが、テレビ放映のあとは数時間で数千件のご注文が入ったため、ふだんの対応ができないでおり、これはまったく憂慮すべき事態です。

マスメディアによって皆様に当店のお菓子を広く知っていただくことができた、というプラス面は否定するものではありません。ただ、「増産増売」が当店の目指す方向ではなく、お客様との一通一通のメールのやり取りを通じて、心温まる商品とサービスをお届けしたいというのが本意です。

今回、大量のご注文に翻弄されてしまい、お客様との大切なやり取りができていない点で、大いに反省すべきところがあり、深くお詫び申し上げる次第です。

今後、以上の反省に立った視点で当店の運営にあたってまいりますことを今一度お約束申し上げます。

そして、まず何をおいても、すでにご注文いただいているお客様に対し、商品を一日でも早くお届けするよう全力で取り組んでまいります。

ご迷惑をおかけしている皆様方、本当に申し訳ございません。

ここに掲げてもこれほどの長文である。客が手元のＰＣで開いたときにはさぞ驚いたに違いない。しかも結局のところ、できることは全力をあげて取り組むができないことはできない、といった主旨のメールである。このメールを送信してすぐ、ビッダーズの担当者から電話がかかった。もうこれで霧の森も終わりだと。あれほどまでに長文の言いわけを書き連ね、さらにできないと宣言したメールを送信するなど言語道断、店として失格であると。

しかし結果はまったくその逆であった。その長文メールの送信を境に、それまで日々数多く届いていた罵倒メールがぴたりと止み、代わって激励メールが突然増えだしたのである。調べてみると、それまで三万人ほどいた販売再開お知らせメールの登録者が一〇パーセントほど減っていた。霧の森の方針に納得できず罵倒を浴びせていた読者たちがごっそり登録を解除したのである。そして残ってくれた九〇パーセントの読者、すなわち霧の森の熱烈なファン、コアなファンに店の肉声が届いたということであろうか。

その後、在庫に少しの余裕が出るたびインターネットで販売したりもしたが、たかだか一〇〇箱程度では販売開始から完売までわずか一分しかもたず、アナログ回線でインターネットへの接続を試みる客にとってはログインすらできないという状況が続き、一部でブロードバンド大福や光大福といった揶揄も聞かれた。販売開始から一〇分ほど経って少し回線が落ちついたころにようやくつながったアナログ接続の客からは「やっとつながったのですがなかなか販売が始まりません。早く開始してください」というメールが入るなど、あまりに一瞬のできごとゆえ一部の客にとっては販売した事実そのものがなかったことになっているような事態も発生した。そのころの新聞記事がこのような具合だ。

「四国中央市新宮町の第三セクター『やまびこ』がインターネット通販サイトを中心に販売している和菓子『霧の森大福』の人気が続いている。製造が間に合わず、昨年十月末から三カ月近くネット受注を断っていたが、二一日からの再開後も品薄の状態。関係者は反響の大きさに喜びと戸惑いを隠しきれない様子だ。（中略）現在、ネットや電話などで一日数十箱に限り注文を受け付けているが、ネット上では分単位で完売。平野支配人は『厳選されたお茶の確保が困難。妥協は許されないが、お客さまには迷惑をかけ心苦しい。都市圏を中心にリピーターが多く、品質を落とさぬよう商品を提供したい。商品人気と合わせ、地域に客を呼ぶ努力も重ねたい』と話す」（毎日新聞、二〇〇五年一月二五日付）。

また、インターネットで販売するたびビッダーズのサーバーがパンクしたり、買うためには会社を休まなければならない、赤ん坊が泣いていても放置しなければならないといった新たなクレームも数々聞かれたりするようになったため、ついに抽選販売に踏み切った。

これは一週間の応募期間中に応募した客の中から抽選で当選者を決め、当選者のみが購入できるシステムである。それであればゆっくりとインターネットに向かうことができる。抽選販売というと高飛車で殿様商売風なイメージがつきまとうが、霧の森大福の抽選販売については右に示したような問題が解消されるものとして客からは歓迎された。

「ショッピングモールサイト『ビッダーズ』に出品、購入者の評価の書き込みから評判を呼び、同サイトの一番人気に成長した。現在、サイトでは一カ月のうち約一週間、百人限定で取り扱っているが、申し込みは約七千人と競争率七十倍にもなる。平野支配人は『商品力に加え、サイトを介して客とコミュニケーションを取り、商品情報を充実させたことも一因』と説明。人気のほどがテレビ番組でも再三紹介され、松山市大街道三丁目の松山店では開店約一時間で売り切れるという」（愛媛新聞、二〇〇五年八月二二日付）。

抽選販売となってから長い年月が経過しているが、二〇一二年一月・三月に実施した抽選で連続して記録した一七五倍を最高に、当選倍率は平均して毎回一〇〇倍程度あり、インターネットでは現在も買いづらい状況が続いている。

また以前から継続してきた百貨店の物産展での販売は、地域差は多少あるものの、どこも開店前から霧の森大福には行列ができるようになり、開店即完売といったことも珍しくない。店外にあふれる行列が交通事故を引き起こすおそれがあるとして警察から指導を受けたり、最後の一枚の整理券をめぐって客同士でつかみ合いの喧嘩となったりしたこともあった。

大切にするもの

前述した二〇〇四年の長文メールで謳った、店の対応能力をはるかに超える注文数に対して当座の解決方法がないという宣言は、とりもなおさず他所の茶を急場しのぎに使って量を稼ぐことはしないということを意味していたが、このことがすでに注文を入れている客にとっては商品の正当性を証明する材料になったし、そのおかげで発送がたとえ数カ月後になろうともそれは致し方のないことであるから待つという心構えのきっかけにもなった。たんに形だけ霧の森大福を作ることができればそれでよいのではなく、新宮茶以外はいかなることがあっても使わないという店の方針が伝わったことで、新宮茶にどこまでも真剣である姿勢は、霧の森がたんなる菓子屋でもなければ観光施設でもない、地元の村おこしの拠点であることを全国のファンに強く印象づけた。

とはいえ、もちろん毎日一〇〇箱程度の細々とした製造にとどまっていたわけではない。

毎日六〇〇箱ほどの大福を製造していたが、その大半はインターネットではなく新宮本店と松山店の二店舗に振り分けて販売を行った。遠方の客からはインターネットでの販売量増加を望む声がつねに聞かれた。確かに商品が売れるのは嬉しいことである。間接的に村民も潤うことになるし、手っ取り早くインターネットで多売して当座の利を稼いでしまう方法もないことはなかった。が、そうはしなかった。なぜなら商品のみが一人歩きし、ただおいしいだけの話題の菓子としてだけ消費されてしまっては、そこで完結してしまう。そうなっては村おこしは実現しない。とにかく新宮村に足を運んでもらわないことには何も始まらないのだ。新宮に来てくれている客へのもてなしの心を大切にし、地元を最優先にした。

この結果、取り寄せを諦め、大福を買うために全国から愛媛の直営店を直接訪れる客が現れ始めた。新宮本店より交通アクセスがよい松山店はその傾向が顕著で、「道後温泉一泊つきの往復航空チケットが手に入ったが今から松山店へ向かっても大福の在庫はあるだろうか」という問合せが東京から入るなどの状況となった。当時の新聞にも次のように紹介された。

「松山店では、午前一〇時の開店と同時に客が詰めかける。リピーターも多く、出張のおみやげに『これを買わないと帰れないんです』と、購入するお客も珍しくない。現地の雑誌で取りあげられたことをきっかけに、シンガポールから買いに来る人がいるという」(朝日新聞、二〇〇六年六月一四日付)。

二店舗とも大福は連日完売、他の商品も軒並み品薄の状態が続いた。

大福と村おこし

それまで霧の森をたんなる菓子屋と思っていた客は新宮村まで足を運んでみな一様に驚いた。そこには大福の販売店だけではなくレストラン、茶店、ミュージアム、コテージがあり、美しい水で遊べる川があった。そして霧の森の目的が営利ではなく純然たる村おこしであることに、さらに驚く客が多かった。ほとんどの客は霧の森が村おこしの拠点施設であることを知らず、人気の大福を引っさげて登場した一発屋的なものとしか認識していなかった。それもそのはず、霧の森大福をデビューさせるときにはあえて村おこしという背景を伏せていたからである。客から見た霧の森大福はまずはたんなる菓子である。とっかかりはできるだけ平易で簡素な方がいい。村おこしといった汗くさく面倒くさいものがちらつくより、最初はたんにおいしい菓子として評価してもらうだけでいい。おそらく菓子をインターネットで取り寄せる層と休日を山で遊びたい層、さらにいえば地域活性化について関心を持っている層は異なる。そう考えて、観光施設のオフィシャルサイト（kirinomori.jp）と、大福を販売するサイト（kirinomori.com）もあえて別物として構築し、相互にリンクを張らなかった。そしておいしい菓子としての大福を求めて霧の森に足を伸ばす客が増える状況にあわせ、これら二つのサイトの相互リンクを開始し、霧の森大福を村おこしの結晶として紹介するようにした。この段階的な誘導のおかげで、当初はただ大福を求めるだけだった客が、大福から霧の森を知り、毎年夏休みにコテージ等にリピートするという流れも生まれ、山奥の寒村・新宮村が四国中央市の奥座敷として認識されるようになった。

工房商品の絶大な人気に支えられて、観光施設が再び歩み始めることが可能となったのである。団体旅行が廃れて閑古鳥しか鳴かない時期があったように、「時代」に翻弄された感のあった霧の森ではあるが、代わってインターネットという距離・規模の概念を打ち消す利器が生まれ、その恩恵を最大限受けることができたことは、これもまた「時代」によるところが大きい。

オープン前の計画段階で五万人と見込まれていた来場客は、開業初年度こそ七万人を記録したものの、その後二〇〇四年度には五万人を割り込むまでに逓減していたが、大福のヒットにより順調にＶ字回復を果たし、二〇〇九年度にはついに一五万人を突破するまでになった。

また二〇〇五年には村内に湧出していた天然温泉を引いた温浴施設・霧の森交湯《こうゆう》～館《かん》をオープンさせ、近隣にはないまろやかな泉質が話題となったほか、積年の課題であった冬期の集客に弾みをつけた。またこの交湯～館の二階は研修フロアとなっていて、最大で一〇〇名を収容できる研修室が設けられている。山奥の霧の森ではたして研修目的の利用があるのだろうかと思われたが、敬老会など村内団体の利用に加え、四国全体から参集するような企業研修にも大いに利用されている。この理由は新宮村の地の利にあった。新宮村は県都・松山市からいえば一〇〇キロも離れた県東端の辺鄙な地域にすぎないが、ひるがえって新宮村を中心に見たとき、まさに四国のヘソとでもいうべき中心部に位置しているのだ。四国四県に事業所を持つ企業が担当者会議を開いたり新人研修を行ったりする場合、四県の県庁所在地のどこかに集まるのでは極端に負担の大きさが偏ることになる。徳島市から松山市へ出向くとなると二〇〇キロも離れているのだ。これが四国のヘソである新宮村で開催するとなると四県からの距離はほぼ等しくなる。これが新宮村での研修が当初の想定以上に活発に行なわれていることの理由である。

こうして霧の森はヒット商品の誕生のみならず施設の充実化もあって空前の活況を呈していたが、ただ、オープン時に抱えていたコンセプト不明瞭という問題は相変わらず残っていた。大福から始まった新宮村への客足をより強固なものにするために、霧の森の統一テーマとして新宮茶を前面に押し出さなければならないという思いが日増しに強くなっていった。

折しも二〇〇六年三月、それまでミュージアムの広大なスペースに展示されていた三〇〇体もの和紙人形の展示を終了するという市の方針が示され、ミュージアムのその後の活用法が空白となった。それまで秘かに胸の中で温めてきた「茶フェ構想」をスタートさせる好機だった。

新宮茶の新展開

茶フェとはいわゆるコーヒーではなく日本茶を楽しむ日本茶カフェのことであり、霧の森でいう茶フェは当然新宮茶のカフェである。もともとは松山店が入居するビルの二階が空室だったことから、ここに新宮茶専門の小さなカフェを作ろうと内々に計画していたものであるが、諸事情によって頓挫し、そのままお蔵入りとなっていた計画であった。それが思わぬ市の決定で、ミュージアムの和紙人形の展示を取りやめた後に空く広大な空間の利用法として再び日の目を見ることとなったのである。

二〇〇六年八月、愛媛大学、松山大学の学生一〇名を集めて客としての意識調査を行った。そこから導き出されたリニューアルの方向性は大福ではなく新宮茶を核にしようというものであった。大福のその根本にある、新宮茶そのものに賭けてみようと。九月、「新宮茶計画」と銘打ったプロジェクトを立ち上げ、従業員有志六名に愛媛大学の学生一名を加えてプロジェクトチームが結成され、私はそのプロジェクトチーフに就いた。当時支配人の要職に就いていたが、より戦略的に村おこしに携わるためこの職を返上し、現職である企画販売部長に就いたうえでの再出発であった。プロジェクト名を「茶フェ計画」とせず「新宮茶計画」としたのは、これから取り組もうとしていることがたんなるミュージアムのリニューアルではなく、霧の森の統一テーマにやっとのことで新宮茶を掲げようとすることであるとの意思表示であった。まさに大福が大人気の最中のリニューアルであったから、プロジェクトメンバーからは大福を利用しないことに当初異論が出たが、霧の森に欠けていた統一テーマを設定するにあたって押し出すべきはやはり大福ではなく新宮茶であろうということで決着を見た。

プロジェクト会は毎週招集され、メンバーは通常業務をこなしながら毎週の会に膨大な準備に追われつつ臨んだ。一つの建屋の中でどのように新宮茶を発信するかということがまず問題になったが、議論を重ねるなかで新たに出てきた考え方が「新宮茶の価値を高める」というものであった。新宮茶はまだまだ正当な評価がされていない。いくらおいしくても誰も知らないのでは始まらない。そもそも飲食店では無料で供されることが多い日本茶に正しい価値を感じる仕組みがあるのだろうか、といったことを考えるうち、新宮茶の価値を高めることが急務であることをプロジェクトメンバー全員が認識したのである。

メンバーは手分けして静岡、島根、福岡、横浜、東京、大阪、神戸など全国各地の日本茶をテーマとした観光施設やカフェなどに飛び、新宮茶の価値を高める方法を模索した。全国の視察を通して得られたのは、日本茶カフェはあくまで消費側のものであって生産と直結している例は少ないという事実であった。つまり東京や大阪、神戸、横浜といった大消費地には日本茶カフェが多数乱立し、流通力を活かして全国各地の茶を集め、それらを飲み比べられることを売りにしていたが、静岡や鹿児島などの茶の生産地には日本茶カフェはまだまだ少なかったのである。これは「新宮茶計画」にとって重大なヒントとなった。

こうした視察の成果をふまえ、茶フェのメインコンセプトが「新宮らしい空間の中で新宮の人と触れ合いながら新宮茶だけを味わう」と決定された。お茶どころでその産地だけの単一品種を楽しむことがほかの既存日本茶カフェにはないポイントであった。単一の新宮茶といっても煎茶やほうじ茶、玄米茶など種類は豊富にあるから、それらを飲み比べてもらって新宮茶丸ごとファンになってもらうという発想である。そこには新宮らしい空間も新宮の人も必要とされた。「新宮茶計画」の名の下、すべての枝葉の展開はこのメインコンセプトを逸脱しないように慎重に検討が重ねられた。

その結果、ミュージアムの大きな建物全体を茶フェと呼び、そのなかに新宮茶が四国のお茶産業の発祥としてその苗木が四国各地に配られたことを示す資料などの展示、お茶に関する書籍を集めて館内のどこでも自由に閲覧できるようにしたライブラリー、脇製茶場の協力を仰いで週末には客が手揉み茶の体験を行うことができる手揉み茶道場、ガラス越しに見える新菓子工房、そしてメイン施設となるカフェ「茶フェゆるり」を配することになった。茶フェ全体が新宮茶のミュージアムであり、工房でスタッフが新宮茶を使った菓子作りをしている様子、カフェでほかの客が新宮茶を味わっている様子も展示の一種として見てもらえる作りとしたのである。この新設の菓子工房はもちろん大福ではなく主に

図6　茶フェゆるり

ケーキなどの洋菓子を製造する洋菓子工房として設備し、新宮茶の新しい展開を求めた。またカフェは空間を贅沢に使って三和土《たたき》や囲炉裏などをゆったりとレイアウトし、「お帰りなぁ、新宮へ」をキャッチコピーとして客が我が家で一服味わう感覚を再現することでお茶をより身近なものと感じるようにした。

これらのリニューアルはインパクトをより大きなものにすべく社内的にも詳細を明らかにせず行ったため、霧の森がミュージアムをリニューアルして工房を増設しているらしいとの噂を聞いて、報道機関のみならず従業員ですら霧の森大福の工房を拡張しているものとばかり考えていたから、二〇〇六年一二月、洋菓子工房にカフェを併設する構造になっていることが発表されたときには大きな反響を呼んだ。

既存施設の改造のため予想外に手間取った結果、リニューアルに要した総工費は一億円に手が届こうとしており、それまでの蓄えをほぼ使い果たしてしまったが、計画の三カ月遅れで同年七月に茶フェがオープンし、ここについに霧の森のテーマが新宮茶に統一されることになった。

「茶フェゆるり」の看板メニューには、二〇〇〇年に中国浙江省で開かれた国際銘茶品評会の緑茶の部で金賞に輝いた新宮の銘茶「月の雫」を選び、価格は八〇〇円に設定した。前述したように日本茶は飲食店で無料で出てくるのがあたりまえであるから、八〇〇円という価格は当然誰もが敬遠するだろうことはわかっていたが、そこにあえて挑戦したのだ。お茶は茶葉の種類によって抽出のための湯温や時間などが異なるが、最高級の「月の雫」を適温適時で淹れることができたなら、極上茶のおいしさを知らない人たちにとってその驚きは大きなものになるにちがいない。また一煎目から三煎目まで、抽出の温度と時間を変えることで味が甘み、渋み、苦みと次第に変化していく感動を味わってもらうため、お茶はスタッフが客席で客の目の前で淹れるという、非効率な方法を採ることとした。これもすべて新宮茶のためである。メニューに載せただけではおそらく注文は入らなかったであろうが、スタッフによって極上の味と香りを引き出されることによって、次第に注文が入るようになった。

一九九九年の霧の森オープン当時、いくら新宮茶がすばらしいからといっても「飲むお茶」としてよりまずは「食べるお茶」として展開していこうとしたことはすでに述べたが、その考え方に従って霧の森大福という形に化けていた新宮茶は八年経ってついに「月の雫」として本当の姿を現したのである。

茶フェはオープン以来、贅沢な空間、新しいお茶の世界に対して高い評価がなされている。しかし手作業がほとんどの洋菓子はコストがかかる割には作れる数も少なく、また「ゆるり」という店名が示すように癒しを求めてゆっくりする客が多いため客席回転率は極端に低い。とても採算ベースに乗る施設ではない。都会のカフェと違って満席になってもそうとは感じられないほどゆったりしているため、待ち客が出ても誰も意に介さないという、いいような悪いようなゆるさなのだ。こうした茶フェの不採算性をとがめる意見もあるが、まずはこれでよいと考えている。茶フェは、新宮茶にどのような未来があるのか、それを知るための実験場、パイロット施設なのである。

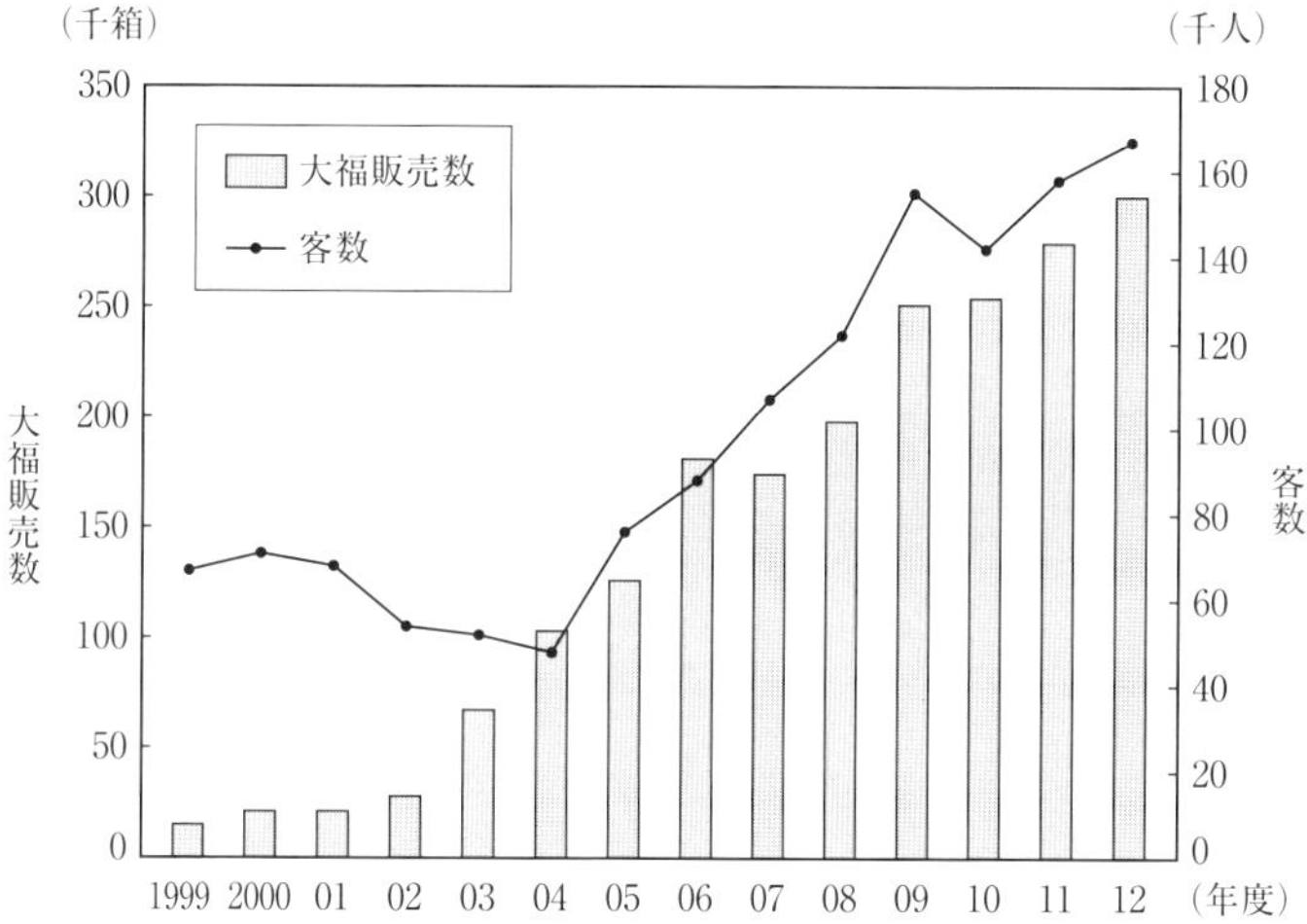

図7　大福販売数と霧の森客数の推移

注：客数＝レジで支払をした客数。実際の入場者はこの数倍になる。

そして何よりも、コンセプトが統一されたことがもっとも大きな成果であった。霧の森＝新宮茶という図式ができたことで、客にとっても利用がしやすくなり、運営側にとっても霧の森の魅力をより伝えやすくなった。

図7に見るように、二〇〇三年度に霧の森大福の売上が上昇し始め、そこから遅れること二年、二〇〇五年度から霧の森の入場者数が急上昇しており、まず商品が売れ、それが起爆剤あるいは広告塔となって来場客が増加したことがわかる。商品だけを一人歩きさせることなく、新宮

村のPRを必ずセットにしてきたことが実を結んだといえる。作ること、売ることは一つのきっかけに過ぎず、誘《いざな》うこと、すなわち新宮村に足を運んでもらうことが大切なのだ。また、単純に来訪者が増えただけではなく、二〇〇七年の茶フェオープン以後は霧の森での滞在時間が長くなった。

二〇一一年度、霧の森大福単体の年間売上は三億円を突破し、霧の森も一〇年連続で黒字経営を記録している。

5 地域を支える新宮茶の価値

目標と現状

ここまで一九九九年の霧の森オープン以来の流れを中心に見てきたが、さて村民が自分たちの生まれ育った新宮村に誇りを持てること、という当初の村おこしの目標は達せられたのだろうか。

新宮村が狙った交流人口の増加については、新宮村ならではの魅力を創出、発信し、施設のコンセプトを明快に新宮茶に統一したことにより、新宮村を訪れる観光客は現在では年間二〇万人を超し、地域の定住人口の一五〇倍にまで増えた。また雇用効果についてであるが、霧の森には現在約六〇人が働いている。六〇人といえばそれほど大きな企業とも思えないが、母体となる新宮村の人口規模が約一三〇〇人であることを忘れてはならない。これをたとえば一〇〇倍して考えてみると、一三万人都市において六〇〇〇人を雇用する大企業に匹敵するといえよう。交流人口、雇用数のこうした数字は、当初新宮村が期待したものをはるかに上回っているのではないだろうか。

霧の森大福が成功するや、全国に雨後の筍のごとく類似製品が乱立した。インターネットで「抹茶　クリーム　大福」といった検索をすると果てしなく類似品が並ぶようになり、本家の霧の森大福が埋もれてしまうような事態ともなった。しかしそのなかで売れるのはなぜか霧の森大福なのだ。最初は類似品の登場に戦々恐々としていたが、インターネット検索大手・グーグルの検索ワードランキングにおいて「霧の森大福」というキーワードがしばしば首位に立つ状況を見ていると、「抹茶クリーム大福」というジャンルを形成する意味において類似品の登場はむしろ歓迎すべきであるように思えた。マーケティング論では、商品には必ず栄枯盛衰のサイクルがあって、たとえどんなにパンチのあるヒット商品であっても商品単体では息の長い展開は望めない。しかし、類似品が出ることで商品群というものが形成されて消費者の認知もさらに高まるのだといわれる。

そしてなぜ霧の森大福のみが売れるのか。他社との最大の違いは抹茶である。他社は純粋な菓子メーカーであるから、使用している抹茶はほとんどが安価な製菓用の加工抹茶であり、風味、色味の点で本物の抹茶に大きく劣る。コストを考えれば菓子メーカーとしては当然の選択であろう。しかし霧の森は地元の茶を使った村おこしを目的とする会社である。他所から原料茶を仕入れることなどあろうはずもない。また茶の産地ゆえ高品位な抹茶を贅沢に使用できる強みもあった。この茶の違いが売れ行きの違いのもっとも大きな要因である。

さて、類似した数ある商品の中で霧の森大福の人気が群を抜いていると聞いていちばん喜ぶのは誰であろうか。霧の森ではない。村民なのだ。村民の作った茶がおいしいからこそ霧の森大福が売れ、はるか札幌や大阪の百貨店での出張販売でも開店前から長蛇の列ができ、インターネットでは倍率が一〇〇倍の抽選販売になる。そうした動きは毎月、「霧の森通信」という村内各戸に配布される手作り新聞でイベント情報や新製品情報とともに伝え、村民の地道な仕事、作物が全国の人の心を動かしているという事実を村内で共有しようと努めている。

　また二〇〇二年に創刊したメールマガジン「霧め～る」は六年間ほど読者数が三〇〇人程度で頭打ちであったが、村内の情報を鮮度のあるうちに発信すべく発刊ペースを隔週から毎週に引き上げる一方、親しみを持ってもらうためにまったく本文とは無関係なエッセイを毎号載せるなどの工夫を凝らした結果、二〇〇九年に急激に読者数を伸ばしてその数一〇〇〇人を超え、その二年後には一万人、さらにその翌年には二万人を突破して二〇一四年現在で二万五〇〇〇人を数え、新宮村の情報発信において大きな役割を担っている。実際、札幌市のような遠隔地の百貨店であっても外販で店頭に立っていると「霧め～る」の読者が来店し、いつも「霧め～る」を楽しみにしている、と身にしみるような嬉しい言葉をかけてくれたり、どんな人が「霧め～る」を書いているのかと思っていたがはじめて顔を見ることができた、と恥ずかしいような言葉もかけてくれたりする。そういった声を聞くと、メールマガジンでの情報発信の重要性を痛感すると同時に、顔の見える販売がいかに大切かも感ぜずにはおれない。いずれの百貨店の担当者も、霧の森がこれほどの長期にわたって高い評価を受けているのは、必ず霧の森の従業員が販売にくることが客にとっての安心感につながっているからだと口を揃える。

生産支援と販売支援

しかし主体が農業であるため変化のスピードは遅々としており、加速度的な過疎高齢化の進行に追いつくことができない。これまでの霧の森の成果はかすかな延命措置にすぎず、このままであれば早晩新宮茶の灯火が消え、霧の森も立ちゆかなくなることは確実である。実際、村民のなかからは「霧の森の取り組みは結局独りよがりの自己満足だ」とか、「もう新宮茶のことはこのままそっとしておいてほしい」という声も聞こえる。市内に日本一の製紙業でにぎわう地域があるため、今後次第に新宮茶が先細りになって新宮の地域自体も弱体化していくであろうことにもそれほど危機感を抱いていない村民がいるのは事実である。また危機感を持っていても、霧の森の取り組みが正しく伝わらず、自分たちの将来に直結していないと感じている村民が多いのもまた事実だ。

新宮茶の価値を急ぎ高めなければならない。新宮茶をもっと高みに引き上げねばならない。新宮茶と聞けば、飲まなければ買わなければと思わせるものにしなければならない。このために霧の森の資源をすべて新宮茶の価値を高めることに集中させねばならなかった。

図8は二〇〇六年に「新宮茶計画」を立案する際にプロジェクトメンバーの一人が書き残した新宮茶の生産支援と販売支援についてのメモである。霧の森（株式会社やまびこ）

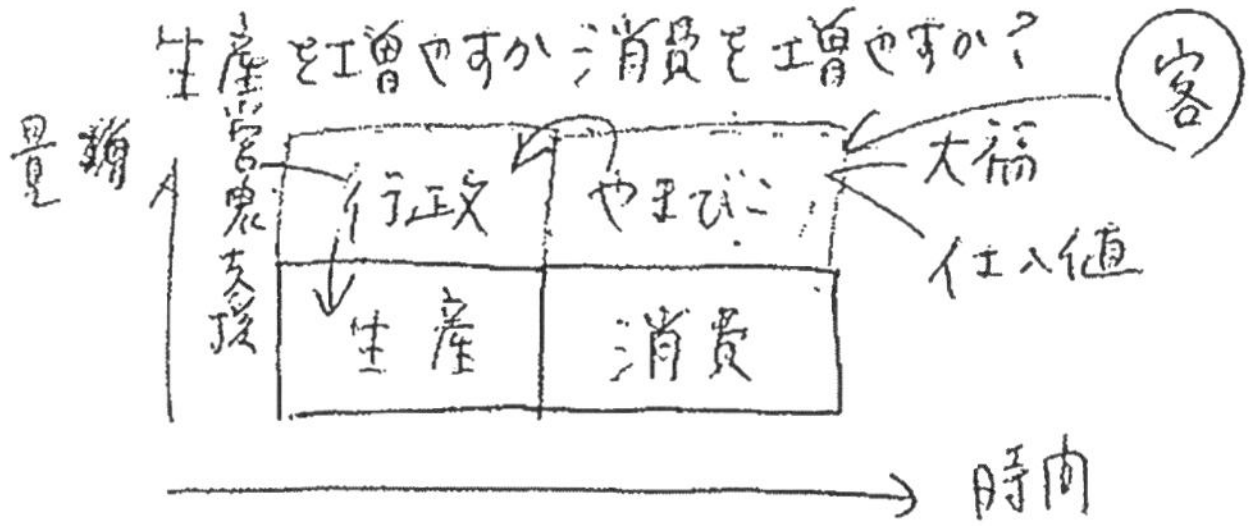

図８　「新宮茶計画」立案時の生産支援と販売支援の手書きメモ

が得た利益を行政に回し、それを元手に行政は新宮茶の営農支援（生産支援）を行い、生産拡大した新宮茶を霧の森が消費に結びつける（販売支援）というサイクルを図示したものである。霧の森は大福をはじめとして新宮茶の拡販やＰＲに有効なアイテムをすでにいくつも持っており消費の拡大を柱とした販売支援を得手とし、一方で行政は地場産業の保護育成についての適当な補助金制度などを持ちあわせているため生産支援を行うことを得手とする。このため両者が明確に範囲を分担して新宮茶の価値向上に取り組もうとしたのである。しかし頼みの綱であった行政は合併後の合理化によって財政的に厳しく、また合併新市の中の一地域にしかすぎない新宮にのみ産業振興策を導入するのも難しかったのであろう、なかなか生産支援に乗り出す機運は高まらなかった。これも新宮村時代であれば大いに新宮茶に財政出動が行われただろうにと、合併を恨みさえした。

しかしこのまま放置してよいはずはなかった。大福用かぶせ抹茶に新規参入しようという農家にとって最大のネックは、茶摘みの十日ほど前から茶葉を覆う「かぶせ」と呼ばれる被覆設備であった。

もともとこの被覆は茶畑の畝に沿って支柱を立ててワイヤーをかけ、茶樹の上空数十センチの所で黒い寒冷紗をワイヤーに通し開閉できるようにしたものである。霜害に弱い茶樹を守るため霜の降りそうな晩にかけておくものであったので多くの茶園に設備されていたが、朝になればまた覆いを外すのが通常であり、日中もかけたままにしておくことで日光を遮って甘く色鮮やかなかぶせ茶を生むという効果は本来の用途外の副次的なものであった。そしてこの覆いをかけたり外したりという作業が傾斜地にあっては非常な重労働であったため、それに代わる防霜ファンへの付け替えを希望する農家が多かった。

防霜ファンとは茶樹上空数メートルの所に設置したファンで、上空の暖かい空気を下に向けて攪拌することで茶樹に霜が降りるのを防ごうとするものであって、スイッチ一つで防霜効果を生む優れものである。しかし非常に高価なものであったため、農家は行政からの補助金を受けて順次付け替えを行なっていった。防霜ファンにはかぶせ茶を生む力はなかったが、あくまでそれは被覆の副次的効果であったために注目されず、ただ防霜の省力化を図るため、次々と被覆がファンに替えられていった。それがここにきて次は大福用に被覆が必要という。農家にとって被覆への投資は時代の流れに逆行するものでしかなかった。しかもファンへの付け替えに行政の補助金を活用している以上、自分の都合でまたファンを被覆に替えることは許されなかった。

図９　被覆設備「かぶせ」

この間に簡易型の被覆も開発されており、これであれば直接茶樹にかけるため支柱を必要とせず、導入のハードルはやや下がってはいたが、それにしても初期投資費用は零細農家にとって大きなものであり、この点で二の足を踏む農家がほとんどであった。

そこで、農家の初期投資を抑

図10　防霜ファン

える目的で霧の森がこの簡易型被覆を代わりに購入し、農家に一〇年リースで貸与する形をとるといった策を講じた。行政の動きを待たず霧の森が直接生産支援に乗り出したのである。また、大福用抹茶の買い取り価格をそれまで地域内だからということで格安にしてもらっていたのを適正価格に是正することで、地域が抹茶を生産しやすい体制を構築した。

その甲斐あってか、年々減る一方だった茶農家にも動きが出た。二〇〇九年、大福に使う抹茶を栽培してみようかという農家が一挙に五軒も手を挙げたのである。このことは、霧の森大福が爆発的に売れるようになったときの喜びをはるかに超えて嬉しい報せだった。大福のヒットのその先にこうしたうねりが起きることを期待し、それを目指して今まで取

図11　簡易型被覆

り組んできたのだ。自分たちが作るもの、住む地域、そして自分たち自身、どうでもいいものなど何一つない。この新宮茶、新宮村、すべてが輝かしいのだ。

行政の財政が厳しいなら、行政が新宮茶の生産支援を行うのに必要なコストをより積極的に霧の森が負担することも考えなければならない。前掲の手書きメモのように、霧の森が収益の一部を行政に収め、それを使って行政が生産支援を行う仕組みを作るのだ。こうすることで大福生産の安定だけではなく、霧の森が得た収益を地域に循環させることができる。しかし行政の予算執行制度においてあらかじめ目的を定めた財源を確保することが難しいといった問題もあり、これについては霧の森が負担金を拠出できる「新宮茶支援基金」のようなものを創設するなどの方法を考えねばならない。

地域での取り組み

霧の森では、春には新茶の収穫を祝うお茶まつり、秋には山の味覚の豊作を祝う収穫祭を地域と連携して開催している。とくにお茶まつりは、それまで地域有志によって開かれていた新茶まつりが過疎高齢化によって開催が難しくなったことを受けて霧の森があとを引き継いでいるもので、霧の森が地域おこしの受け皿になっているといえる。いずれの祭も来場客は三〇〇〇～五〇〇〇人と新宮村の人口をはるかに超える盛況ぶりとなっている。

さらに全国の過疎地の路線バスが廃止となるなか、二〇一〇年には四国中央市の中心と新宮の中心を結ぶ路線バスが霧の森まで延伸されたり、霧の森が道の駅として登録されたことで施設内の産直市にも期待が高まったりするなどの追い風を受けている。現状ではなかなかバスで霧の森へという客も少ないが、四国中央市は四国の高速道路網の結節点であり現在でも関東から九州の多くの都市に向けての高速バス路線が驚くほどに充実している。将来的に大規模なバスターミナルが開かれればここを基点に霧の森までの路線バスがまた新たに開かれて需要が増すであろうし、産直市もこれまでは満足な量の野菜が集まらなかったが、道の駅の産直市ということになればより広範からの仕入れも期待できるのではないかと考えている。これらの追い風をきっかけにさらなる地域との連携を模索したい。

また、現在は従業員でもない限り村民はあくまで利用客側の立場に立つが、たとえば茶摘みや手揉み茶を教えるなどもてなす側として霧の森を利用することができるように、より地域に開かれた運営も考えなくてはならない。

外へ向けての取り組み

霧の森では関西を今後の主要なマーケットとして位置づけ、二〇〇八年から神戸市を拠点とした取り組みを開始している。四国の中だけではマーケットは小さく、将来にわたって新宮茶を安定して応援してくれるサポーターを生み出すためにはどうしても四国外にも目を向けなければならない。関西には東京に比肩するほどの消費エネルギーはないが、新宮村との物理的距離からして実際に新宮村に足を運んでみようとする旅行エネルギーは東京よりはるかに大きく、霧の森にとっての総合的な潜在需要としては関西に軍配が上がる。新宮村のことを知らない客が、知れば行ってみることのできる距離というのが重要で、これが関西を主要マーケットに位置づけた理由である。また関西の中でも神戸に注目したのは、神戸が封建的な伝統に縛られず明治維新の後外来の文化を積極的に吸収しつづけ、それを高度に組み合わせて独自の開化的な文化を築き上げてきたという歴史的な背景に基づくもので、四国の山村である新宮村の文化を神戸が受容してくれることに大いに期待したものである。局所的な地域の村おこしを担うはずの第三セクターがほかの都市での展開に目を向けたというこのニュースは、愛媛県内でも驚きをもって受け止められた。

具体的には神戸から霧の森へJRを利用したツアーを募集するなどの観光客誘致のほか、都市部の購買層に訴求できる商品を開発するため、全国有数のスイーツの街である神戸の高感度な女性を数名モニターにして霧の森の既存商品や新商品、また新宮茶そのものを評価する試飲試食会を行ったり、京阪神の大学から毎年数名の学生を夏期インターンシップ研修生として積極的に受け入れたりして活動の幅を広げ、将来的な営業拠点の開設に向けた取り組みを展開している。

また逆に近場の需要喚起にもあらためて取り組む必要性も感じている。大福が人気を集め出した二〇〇四年以降、数々のメディアが大福ならびに霧の森、新宮村を取りあげた。最初は山奥の村にヒット商品が誕生したという興味本位的な内容であったものが、そのうち村おこしの好例であるといった内容に変わっていったが、その次がなかった。最近メディアが大福を取りあげることは珍しく、二〇一三年に地元紙・愛媛新聞の取材が入る際にも記者の口から「今さらながら大福のことを聞きますが……」という前置きがあったことに一種の危機感を感じた。まだまだ地元の愛媛でも霧の森大福を知らない人は星の数ほどもいるのに、メディアがもはや大福は既定路線であって今さら取りあげる価値を見出せないと感じているなら、どうやってこれから足元でPRを行っていけばいいのだろうか。

従業員でもすでに大福は浸透し尽くした、もう今さら大福ではないから次のヒット商品をと考えている者がいるが、もちろんそんなことはない。地元・四国中央市をとってみても、中心企業である紙メーカーは東京からの転勤組も多く、頻繁に人が入れ替わっている。地元市内だからもう安心、ではないのである。人口五〇万人を擁する松山市にあってはさらに年々知名度が低下するスピードは速いであろう。二〇〇七年に新宮茶を前面に押し出す取り組みとして茶フェをオープンさせたように、今一度原点に立ち戻って新宮茶と真剣に向き合い、実際に新宮茶の味や香りに親しむことのできる拠点を他所に設けるなど、広く内外に発信する取り組みを加速させなければならない。

新宮村を支える取り組み

そして何より重要なのが地域を支える人材である。過疎高齢化は我が国がこれから全面的に直面する問題であるから、その先進地としての新宮村はこの問題を避けて通ることはできない。いくら新宮茶に価値が生まれても、作り手がいなくなればその灯は消えるのである。人口の自然増が期待できないから交流人口の拡大を狙った村の目論見は大いに成功を収めたが、交流人口は新宮茶の消費を支えることはできても生産を支えることはできない。生産の後継者としての人材はやはり移住に求めるしか方法がないのだ。

また私のように直接生産に携わってはいなくとも、外来者であるからこその発見や着目点を活かして村おこしのヒントを提案したりサポートしたりということも移住者の得意とするところであろう。村を丸ごとプロデュースするといった考え方はなかなか生粋の村民には難しい。

このように、村にとけこんで新村民として農業に生きるか、その村全体の今後を考える役割を担うかが移住者の果たす重要な役割と考えるが、移住促進はそう簡単なことではない。現在愛媛県の移住サポーターという職を仰せつかっているが、県として移住者の受入は急務であるという認識に立っているものの、県内各所で同様に任命されたサポーターの意見を聞いていると、空き家はあっても貸したくないといった原則的なものから、都会から来た人とうまくやっていく自信がないといった消極的なものが多い。

移住者の受入に積極的で、また移住者からの評判がとくに高い鳥取市などでは、空き家を紹介した町内会に交付金を出したり、移住者の話を聞いたり地域のイベントに誘ったりできるような身近な市民を育てることに力を注いでいる。まずは受入側の教育や支援によって移住者受入の素地を作り、次に移住希望者に対して地域の魅力を発信して移住後の暮らしの青写真を描くことを可能にしながら、移住前にショートステイしてみることができるお試し住宅を用意したり、移住費用の支援を行ったりする支援策を講じているという。このようにして受入側と移住者の互いの不安を取り払い、鳥取市ではすでにこの一〇年足らずで一〇〇〇人を超える移住者を受け入れることに成功している。

新宮村もこうした移住先進地の例にならって、多くの後継者を受け入れていかなければ地域のコミュニティは近い将来失われてしまうだろう。新宮村の最大人口は一九五〇年の六一六二人であるが、その一五三年前にあたる一七九七年の記録では三三〇六人、逆に二四年後にあたる一九七四年には三一九三人と、一五三年かけて伸ばしてきた人口をわずか二四年で失うという急激な過疎化に見舞われたのだ。五〇年で一〇〇〇人の人口を失って完全に無人化してしまった愛媛県旧石鎚村の例もある。石鎚村も消村のきっかけは合併で公共団体の職員が急減したことである。新宮村も同じ道をたどらないとも限らない。新宮には新宮茶という魅力がすでにある。その魅力の発信も霧の森大福を通じて行う仕組みがすでにある。ここに人材資源が地域の活性化にとってもっとも重要であるという認識が加われば、新宮村にも移住者を受け入れることができるはずだ。たとえば村内の新宮小中学校で新宮茶の魅力を学習する場はすでにあるが、それを他人ごととして学ぶのではなく、新宮茶を育てていくことが新宮村民の誇りであり、それは移住者を受け入れて地域力をつければ十分可能なのだと、あくまで我がこととして学んではどうであろうか。新宮村民が自らの将来を切り拓いていくことこそが大切なのだ。

何も教育がなければもともとの村民と移住者とのさまざまな軋轢は想像に難くないが、双方が移住の意味を正しく知って互いに不安感を拭うことができれば、もともとの村民が移住者に対し農業などの得意なものは教え、商売などの不得意なものは教わることで全国に通用する強力な地域が生まれるであろう。田舎ではどうしても出る杭は打たれるために横一線という考え方が処世術として身についているが、そこから飛び抜けて、たとえば霧の森の存在を活用して大いに儲けてやろうという村民が出てくれば村おこしは次のステップに入ったとさえいえる。新宮茶を作ることに夢を持つ人と新宮茶で客をもてなすことに夢を持つ人との二グループが育てば新宮村の未来は明るい。

しかし新宮茶を使った新宮村の村おこしはまだ道半ばである。村民全体の盛り上がりには至っていないし、地域の雇用を生み出すといった第三セクターの使命もあって効率的な人員配置にはほど遠く、大きな問題をかかえていることも事実である。しかし、村おこしを完遂するためには、枝葉の視点にとらわれることなく、つねに新宮村を大局的かつ客観的な目で見つめることが必要であろう。

移住者でもある私はこの山に隔てられた「異国」の地で、大地に根ざした農の魂を都会の渇望につなぐ機会をさらに作り出すべく、日夜インターネットに向かう。逆ストローだ。最後に目標を述べてこの物語を締めくくろう。それは私などいなくても新宮村が人を惹きつける魅力を発信しつづけられること。物語の冒頭で謳ったように、新宮村の村おこしは新宮茶が主人公であり、新宮村、新宮村民が主人公なのだから。

【注】

（1）西日本最高峰の石鎚山を主峰とする石鎚山脈から北東に向けて分かれた支脈で、新居浜市から四国中央市にまたがって北の瀬戸内海岸とはほぼ並行する。この山脈から出た木材が後白河法皇の三十三間堂建立に優秀であったためこの名があるといわれている。

（2）古代の公的な使者が都からの往来に使用する馬を用意し、乗継や宿泊の便を供与した施設。長距離ロードリレーである駅伝はこの古代の駅制度をモチーフにしている。

（3）通常の製茶工程の蒸しと乾燥の間に、寝かせ漬けこむ工程を加え強制的に乳酸発酵させた茶。塩水を含んだ井戸水でこの茶を煮出して作られた茶粥は瀬戸内・諸島の漁民の貴重なミネラル源となったとされる。

（4）熊野三山で配布される神札。熊野権現の使いであるカラスを図案化して表現された字を用いている。

（5）六〜七世紀、インドの人。播磨国＝現兵庫県に開創開基と伝える寺が多い。「飛鉢の法」を操った空鉢《くうはち》仙人の名で知られる。

（6）日本の在来品種とされるが近年の研究では中国から渡来した史前帰化植物であるとも。焼畑にいちばんに芽吹くほど生命力が強く、雑木や生け垣の中にも多く見ることができる。自然交配しているため色や形がさまざま。

（7）在来種の実生から選抜され、霜に強いなど日本の栽培条件に適した品種で、その後他の品種を圧倒して現在では国内の栽培茶樹の九割にもおよぶ。挿し木によって殖やすため遺伝子が単一で色や形はすべて同じ。

（8）新宮茶の祖。その後、息子の二代目博義氏が無農薬栽培に踏み切り、現在は孫の斗志也氏が三代目を務め、新宮茶の販路拡大に邁進する一方で村内の茶栽培の指導者として後進の育成にあたっている。

【参考文献】


伊予史談会編（二〇〇九）『伊予国地理図誌（東予）』（伊予史談会双書第二四集）伊予史談会（東京大学史料編纂所所蔵「地理図誌」一八七二年の翻刻）。

愛媛県史編纂委員会編（一九八八）『愛媛県史地誌Ⅱ（東予東部）』愛媛県。

愛媛新聞社編（一九七三）『旧街道』（愛媛文化双書九）愛媛文化双書刊行会。

大石貞男（一九八三）『日本茶業発達史』農山漁村文化協会。

篠原重則（一九九七）『愛媛県の山村』（愛媛文化双書四九）愛媛文化双書刊行会。

新宮村誌編纂委員会編（一九九八）『新宮村誌　自然編／歴史・行政編』新宮村。

信藤英敏（一九七八）『新宮村の歴史と民俗』とどろき食品。

藤井満（二〇〇六）『消える村　生き残るムラ――市町村合併にゆれる山村』アットワークス。

「わたしたちの新宮村」一九七二年一月二〇日（改訂／一九八八年四月一日）新宮村教育委員会。

第4章　純国産の榊を全国へ届ける

――「彩の榊」の立ち上げと展開――

佐藤幸次

佐藤幸次

（さとう　こうじ）

1979年，埼玉県生まれ。
株式会社彩の榊代表。

地元高校中退後，すぐに実家の生花店に就職。花と自然の素晴らしさを知り，また商売の楽しさも覚える。あるとき祖母の墓参りに行き，榊に出会う。学歴なし，金なし，強運ありで自分を信じ，榊屋を個人で開業。その後,それまで慣れ親しんだ地元・飯能市を離れ，隣の東京都青梅市で榊屋を開業，法人化する。山採り榊だけでは供給難と考えて畑栽培も並行して行い，新しい栽培地を積極的に開拓。現在は役員２名，正社員６名，パート11名，委託加工員６名計25人で業務を行う。農業技術通信社「A-1グランプリ・農業経営者賞」（2012年），東京都農林水産振興財団「東京都農林水産後継者奨励賞」（2014年）受賞。

1　実家の花屋を手伝う

高校中退から始めた花屋

小さなころは「パイロット」、中学校に入ったときには「英語教師」、高校入学のときには「ミュージシャン」と、なりたいものは転々としていた。ところが現実は赤点、赤点の連続で、私立進学校というハードルの高い教育に嫌気がさしていた。何をやるにも中途半端で、親・兄弟ともうまくいかず、仕方なく実家の花屋を手伝うことになったのが一七歳の春だった。「男のくせに花屋かよ！」という親への反発もあり、接客態度は最悪。夕方になれば悪仲間の誘いが楽しみで、仕事どころではない。今振り返っても、自分でもあんな従業員は雇用しないし、これからもするつもりはない。

そんなある日、父親が「お前、市場のセリに行ってみるか」と一言。私は「おもしろそうだね、行ってみるかな」と、いつもと変わらぬ生意気な態度だった。翌朝、埼玉県の川越花卉《かき》市場へ入場した私は、それまでトラックの助手席で熟睡していたにもかかわらず、一瞬で目が覚めた。

色彩豊かな見たこともない花々が所狭しと並び、それを真剣なまなざしで下見している買参人（花屋店主）たち。セリ場の方では競売の準備をする人たち。はじめて目にする「真剣な大人」の姿だった。これからあの競売席に座ってセリに参加することを想像し、すごくドキドキしていたということを、今も鮮明に覚えている。

「花屋にハマる」のにそれほど時間はかからなかった。自分で仕入れたものを自分で売るということが、こんなにも刺激的で楽しいことだとは……なんて仕事って楽しいんだろう。まだ運転免許も持っていなかったので、多くの人が世話を焼いてかわいがってくれた。それがまたうれしかった。

親との対立

花屋商売が軌道に乗ってきたのは、二〇〇〇年ごろだった。ガーデニングブームが始まり、全国で人々はこぞってバラやハーブを庭に植えだしたのである。当時は「なんでも売れる」時期で、タイ・ベトナム・中国からは素焼きの輸入テラコッタ（花鉢）が大量に流入してきていた。花卉商材で、もの珍しい商品があればとにかく売れた。

そんななかで、私は自分なりの仕入れ、自分なりの販売を考えるようになっていった。

必ずしもその販売方法は、両親の賛同を得ることができなかった。むしろ反対意見の方が多かった。その方法とは以下のようなものである。

①　薄利多売による大量仕入れ。
②　営業時間帯の延長。
③　裏庭・墓地、または駅前などへの小規模店舗の展開。

おもしろかった。やりがいもあった。お客さんも増えた。ただ、利益は出なかった。残念ながら、自分で考えた理想の商売は、自己満足でいつも終わってしまう。

そんな状況をいつまでも親が認めるわけもなく、次第に対立していくようになったのである。「俺は絶対に間違っていない」と根拠も裏づけもない言いわけめいた言葉を放っては、いつも父親とケンカをしていた。ときには母親も巻き込んで大声でどなりちらし、母親の涙を見ることもあった。暴言をはいて営業中の花屋を飛び出したこともあった。今考えると、なんて親不孝なことをしたのかと思う。高額な私立高校の学費を出してもらっているにもかかわらず、ろくに勉強もせず、親の商売を手伝わせてもらっては、まったく言うことも聞かない。そんな息子を、親はどう思っていたのだろうか。

駅前で一発逆転を夢見て

私はかなり悩みつつ、「一発逆転」を狙って四六時中チャンスをうかがっていた。いろんな所にチャンスはあった。はたから見れば劣等感のかたまりのような私だが、心のどこかにはいつも人一倍の自信があった。

八月のある日、埼玉県所沢市、所沢駅で友人と待ち合わせをしているとき、人ごみのなかで行き交う人たちを見ていた。ゆっくりと歩く老人、子供の手を引く母親、おしゃれにキマっている若者、背筋の伸びたサラリーマン。「この場所で花屋をやってみれば？」と声が聞こえた気がした。いつもこんな風に、物心ついたころから、私にはいろんな声が聞こえる。その声に従って、よいときもあれば、もちろん悪いときもある。よいことの方が多いかもしれない。とにかく行動に移るのに時間はかからない、それが自分の取り柄である。私はすっかり友人との待ち合わせのことも忘れて、駅員さんに「この場所で私に花屋さんをやらせてください」と頼んだ。駅員さんはいぶかしげな顔で「私に言われてもねえ」と答えるだけだった。「どうしてもやりたいんです」とねばっていると、駅員室に行ってみるように言われた。

言われるままに駅員室に向かい、そこでまた「ここで花屋をやりたいんですけど」と聞いてみた。「○○生花店の方ですか」「いえ、違います。私は飯能からきた花屋の者です」「それなら、だめですね」と、もうこの鉄道会社では契約の花屋が決まっているから無理であるとの返事。それでも私は「そうですか。でも私はその花屋の何倍も売り上げを出しますよ」と食い下がった。しかし「それはすごいですね、その若さでね。一応名刺だけ、そこに置いといてね」と、まったく話を聞いてもらえる様子ではないので、仕方なくその辺にあったペンと紙を借りて、自分の名前と電話番号を渡してこう言った。「これからお世話になりますので、どうぞよろしくお願いします。連絡お待ちしております」。

友人からはバカだと言われ、「駅内に店を出すのに一体いくらかかると思ってるんだ」とただされたが、私は答えなかった。その日は一日中なんとなく憂鬱だった。

それからしばらくして、店の電話が鳴った。例の鉄道会社からである。「佐藤さんはおられますか」「はい、私でございます」「先日は当社の方へお越し頂き、ありがとうございました」――二、三分話をしたと思うが、内容はよく覚えていない。ただ、それからすぐに自分の名刺を作ったことは確かだ。

そして後日、まだ八月中のことだったと思うが、昼過ぎに鉄道会社の本社を訪れた。そこで提示された金額は、なんと二〇〇〇万円。「そんなお金はありません」「それではこのお話は、なかったことになりますね、佐藤さん」。ただ、鉄道会社で話を聞いてくださったお二人はとても親切で、勢いだけの私にいろいろと気を遣ってくださり、最後まで丁寧な対応をしてくださった。

しかし一発逆転を夢見ていた私は、また途方に暮れていた。にぎやかな商店街の人ごみのなかをゆっくり歩きながら、隙間なく立ち並ぶ販売店が、なんだかとてもうらやましく思えた。「このお店一つひとつが、出店するのに数千万円もかかっているんだな」と、経営者の大変さを考えながら、商店街も半ばまで歩いていると、とても不自然な一軒のシャッター店舗があった。こんなににぎやかで華々しいなかに、とても古びて汚い店が、なぜあるのか。見る限り、間口は通常の店の倍以上ある。まったく読めなくなっている看板がかかったままになっている。そこで私は勝手に「なるほど、ここで花屋をやればいいじゃないか」と思った。

翌週、古びた店舗先のテントの下には、許可も得ないまま、びっしりと花が並んでいた。そしてなんと、それ以上にびっしりと客が列をなしていた。当時の国内の個人生花店における平均売り上げは、一日で約三万円程度であった。しかしこの私の無許可営業店舗は八万〜一五万円ぐらい売っていた。

シャッター前に花を並べていると、ある日、一番客である年配の女性が花を手に取りながめていた。「いらっしゃいませ」と声をかけると、にこやかな笑顔のおばあさんは「このシャッターを開けると奥に電源があるから、使ってくださいね」と言った。私はびっくりした。そのおばあさんは、なんとこの物件の大家さんだったのである。家賃も払っていないうえに、無許可で行っている花の販売、その相手に対して電気を使ってくれとは、なんて心の広い方だろう。涙が出そうになった。

しかし当然、商店街の他の花屋からは嫌がらせやクレームが多く、何度も警察を呼ばれた。その後も二転三転、販売方法を変えてみたのだが、結局、所沢駅前からは撤退することとなった。

2　榊との出会い

修業先の生花店

私がはじめて榊と出会ったのは、いつだったか。正直、覚えていない。要するに、覚えていないぐらい興味がなかったということだ。

私は毎週木曜日、八王子の中規模生花店でアルバイトをしていた。週に一度の休日は、他の生花店で勉強できる唯一のチャンスの日だったのだ。朝五時半にそこの社長さんと待ち合わせ、夜九時ぐらいまで勉強させてもらっていた。

新鮮でよい花を、より安く。「お客さまに花で感動を！」をモットーとしていたその生花店で学ぶべきことは、①産地による花選び、②市場による花選び、③お客さまが買いやすい価格設定、④その店の売りである商品の売り方など、本当に多くあった。

そんなある夜、社長を助手席に乗せ自宅まで送っていた帰り道、私はいつものように販売方法や会社経営、あらゆることについて質問を投げかけていた。そのなかで、この修業先の店では榊がよく売れていることについて聞いてみた。社長は「以前の店舗は月間二〇

○○束は売っていたよ。榊はね、黙ってても売れるんだよ」と答えてくれた。「なるほど、榊ってそんなに売れるんだ。こんな葉っぱがどうしてそんなに売れるんだろう」と思った。

市場には国産品の榊も出回っていたが、当時、私は中国産の榊しか知らなかった。実家の生花店では、あまり榊を売ることはなかったが、それでもたまには、信心深いお客さんがいて「仏壇用の仏花と、お榊ちょうだい」と注文が入っていた。

図１　セロファン包装された商品の榊

そもそも榊は毎月一日と一五日に交換する習わしがあって、花市場にもそれに合わせて、月中・月末と交換日の一週間ぐらい前に新鮮なものを仕入れるような仕組みがあった。以前、わが国の首相が「日本は神の国」という発言で問題になったことがあったが、私は榊の仕事をしている今、こんなにも日本という国は神さまを信じ、頼り、

図2　下草として生えている榊

感謝する国なのかと感じることが多々ある。

榊と林業

ところで国内の林業家の減少にはいくつもの要因が考えられるが、そのうちの一つとして高齢化社会が挙げられる。「3K」の代表ともいえる林業は、きつい・きたない・きけん（それにかっこ悪い）ということで、担い手は少なく、労働力は減少している。他にも近年、外国材の輸入により木材価格の下落、担い手不足、木造建築の減少など、多くの要因で林業は廃れていく一方である。

人工林として作られたスギ・ヒノキ林は長期的に人の手を入れなければすぐに荒廃

していってしまう。現在、彩の榊が事業所を置いている東京都青梅市も例外ではない。地元農家の方は、私にこう語ってくれた。「昔はね、山頂から山のふもとまで、落ち葉を掃いてきれいにしたもんだよ」「スギ山、ヒノキ山は、それ以外の木はほとんどなくて、それはきれいな自慢の山が、この辺りにもたくさんあった」。こういった話を聞いたときは、本当に驚いた。今や見る影もなく、山の中は一歩も足を踏み入れられない。シダやツル、雑草にゴミ、害虫の発生、ひどい有り様である。

榊とは、そんな林業とともに成り立っているものなのである。

かつては山の手入れをしながら生活に欠かせない材料があれば、それらをくまなく利用していたという。そのなかの一つが榊だった。ありがたい恵みを頂ける地元の山から「お榊」を採ってきて、家の神棚に祀る。大人も子供も年配の方も、神棚や仏壇に手を合わせて一日が始まる。今ではなかなか見ることもできなくなった光景だが、それが当然のことだったのだ。

いつの間にか、お祭も地元の氏神さまへお参りすることから、友達仲間の夜遊びへと変わってしまっている。新築住宅からは畳の和室が消え、木の家から軽量鉄骨へ変わっていている。よい悪いを簡単に決めることはできないが、どこかさみしい気がする。

お墓参りで

親はいつでも子供のことを考えてくれていると思う。しかし両親とケンカばかりしていた私は、そんな気持ちすら迷惑に感じて、決まっていつも一人で、仕事の合間に祖母の墓参りへ行っていた。一人で行く墓参りは気楽でいい。墓前で話す言葉に気を遣う必要もなく、なんでも話すことができた。なぜかいつも「ごめんなさい」「もっと頑張るからね」という言葉から始まった。墓参りの後は、そのままふらっと、山の中を少しだけ歩く。肩に触れる木の葉も、少しだけ息の上がる斜面も、すべてが心地よかった。

その日も「そろそろ仕事に戻るかな」と、来た道を帰ろうとしていた。そのとき、目の前に生えていた一本の立派な木が目にとまった。「あれ、これって榊じゃないか」。その枝を手に取り、よく枝葉を見てみると、確かに榊だった。しかもすごくきれいだ。葉は大きく、色も濃い。それまで中国産の榊しか見たことがなく、国産の榊をこの目で見たのは、これがはじめてだった。

この辺りに自生しているのかと目をやると、その隣りにも生えていた。振り返ると後ろにも、その奥にも。よく見回すと榊だらけだった。すごい。感動のような、衝撃的な、なんとも表現しづらい気分でしばらく辺りをさまよった。三〇分ぐらいは歩いただろう。距離にして四キロメートルほどの山道沿いに、びっしりと天然榊は自生していたのである。

私は帰りの山道で、ワクワクしていた。もう心中は決まっていた。「日本一の榊屋になろう」と。見渡す限りの見事な榊に囲まれて、頭のなかでイメージが浮かんだ。これだけの榊があれば大金持ちになれる。きっと周りの人たちも自分を見直してくれるんじゃないか。

ただ、他人の山である以上、勝手に伐採するわけにはいかない。私がイメージしていたのは次の通りだ。①この素晴らしい榊の山の伐採の許可を地主に頂く、②自分で伐採、加工して市場に出荷する、③注文がどんどん増える、④榊で大成功する。今となって考えると、単純すぎておかしい。しかしその瞬間から、榊人生は始まっていたのだ。高まる気持ちを抑えつつ必死に考えた。今できることは何か。

それは、まず契約だ。この山の地主を探すことにした。山のふもとの農家を一軒一軒訪ね、どなたが持ち主なのか聞いてまわった。質問に対して、いぶかしげな顔をする方がほとんどだった。そして五、六軒めで、農作業をされていたお年寄りにやっと聞くことができた。ある鉄道会社の持ち山であるという。「勝手に入っちゃあ、いかんよ」と注意されてしまったが、私はさらにワクワクしていた。持ち主がわかれば、あとは契約するだけだ。

携帯電話を手に取り、番号案内の一〇四番にかけた。その鉄道会社は本社代表番号、管理部、営業部など多くの部署に分かれているということだったが、私はとっさに「本社でお願いします」と、番号を教えてもらった。

そして本社に連絡を取ってみたのだが、「そちらの所有地の山の中にとてもいい榊が生えています。どうか採らせて頂けませんでしょうか」と頼んでも、「弊社は鉄道会社ですので、そのような事業は行っておりません」と、いまいち用件が伝わらない。その日は二度ほど電話したが、まったく取り合ってもらえなかった。

墓参りに出かけてからすでに数時間、業務中であることをすっかり忘れていた。また明日も電話してみようということで、とりあえず店に戻ることにした。その帰途でも頭のなかには榊のことしかなかった。

店に戻るとパートのおばさんと、ちょうど母親がいたので、こう言った。「今日から榊屋になりましたので、よろしくお願いします。今までお世話になりました」。さっきの鉄道会社の電話受付の人よりも話が通じなかった。

契約成立

小さな「独立宣言」をしてからの行動は早かった。実家の自分の部屋の荷物をまとめ、アパートを探し、今までお世話になった人たちへお別れを伝えた。

鉄道会社には引き続き電話でアポイントをとり続けた。しかし一〇回以上にわたる電話でもうまくいかない。それで私は直接行って話をするしかないと考えた。

両手いっぱいにあふれんばかりの花を抱えて鉄道会社を訪れ、大きな声であいさつをした。顔はきっと緊張でこわばっていたと思う。そして一通りの説明をした。受付の方は親切に案内してくれた。あまりにスムーズで拍子抜けしたが、とにかく管財課に通され、話をした。すると「来週また来てください。担当の者がおりますので」と言ってもらえた。話は二分で終わった。ようやく道が開けそうだ。私は帰り道の車の中で「明日があるさ」を歌っていた。

翌週、指定された時間より少し早く、鉄道会社前に到着した。事前に教えてもらっていた携帯電話の番号にかけると、一階フロントには伝えてあるので入ってかまわないとのこと。見上げると首が痛くなるぐらいのビルの前で、これから榊人生が始まるのだと意気込んだ。今度は一階の豪華なラウンジに通され、私一人に管財課の方お二人が対応してくださった。なんとその担当の方は私と同じ飯能出身であるという。「元気があってよろしい。君の実家の花屋さんはよく知っているよ。ご家族でがんばっているね」と、あまりにも話がうまくいきすぎて、頭のなかは真っ白になった。会話の内容はよく覚えていない。
とにかく三つの条件を守ることを約束に、榊を採ることを許可してもらえた。

① 山中のゴミの不法投棄をこれ以上増やさないこと。
② ホームレスの不法占拠を防ぐこと。
③ 自殺などを含む、山中の事件を未然に防ぐこと。

この会社ではこの三点をつねに念頭に置いて、すでに里山再生活動を展開しているということだった。そして余裕があれば自然保護のための基金に募金もしてもらえればありがたいとのこと。

この鉄道会社には本当にいくら感謝してもしきれない。そして榊との出会いを見守ってくれていた神さまにも。

売れない日々

喜びと悲しみは必ずセットでやってくる。自分の場合も例外ではない。

伐採契約も決まり、アパートも決まり、飯能市内で小さな榊屋は始まった。私は「いざ市場へ出荷するぞ」とはりきっていた。自分の手で三時間ほどかけて伐採をし、五キロずつくった榊には自信があった。希望価格は三〇〇〇円とし、それを五俵出荷した。しかし市場でついた値段は二五〇〇円だった。たったの「二五〇〇円」、これでは家賃も払えない。

東京都・埼玉県のあらゆる市場へ顔を出した。早朝に山に入り、日中に伐採を行い、夕方には出荷の準備をする。そして少し休み、夜中に市場をまわるのだ。このサイクルが一番効率がよかった。私は今でも、どのような作業も作業性・効率が重要と考えるようにしている。貧乏人にはそれしかないからである。

あるとき、都内の有名花市場で榊の担当者に呼びつけられた。「お前、この荷物でよく榊屋ですって言えるな。それじゃ、一生食ってけないぞ」と言われた。自分では他の生産者の榊の荷姿と遜色ないと思っていたので、衝撃だった。その人には二時間以上ダメ出しをされた。とてもうれしかった。その翌週には、見た感じ同年代の若いセリ人からも指導を頂けた。私もその人も真剣そのものだった。「がんばれよ、榊屋さん」と言ってくれた。

しかし売れない日々はその後も続いた。どの市場へ出荷しても値はつかない。山のなかで榊を採ってきては、売れないのに出荷するばかり。気持ちはどん底だった。

どん底の私をさらに暗くさせることが続いた。料金の滞納で電気が止められ、携帯電話も使えなくなり、水道・ガスなどのライフラインもストップした。そして八月のある日、腐りかけていたカレーを食べて腹をこわし、嘔吐と下痢を繰り返して床に倒れた。

本当に疲れ果ててしまった。日本一の榊屋になると言い切って実家を飛び出し、親の心配も気にせず勝手にやっている私に、頼る所などない。それでもたまに、電話のない私に友人がドアをノックしてやってきて、差し入れを持ってきてくれることもあった。とてもうれしかった。

落ちるところまで落ちて、とうとう住んでいたアパートからも追い出された。部屋の荷物はすべて外に出され、研究用に置いていた榊も放り出されてしまった。

しかし、私は「これでスッキリした」と、逆に開き直ることができた。残されたのは愛車一台だけだった。積めるだけの荷物を車に積んで、深夜、また「明日があるさ」を歌いながら、市場に向かった。

はじめての注文

アパートを追い出されて、しばらくの間は実家の一部屋を間借りすることになった。元の自分の部屋は、ペット専用ルームになっていた。

一つ上の兄は、三年以上の修業で葬儀用生花の技術を身につけて、実家の花屋を継いでいた。ある日、榊の出荷の仕込みをしていると、兄が言った。「お前、川越市場からうちに電話があったぞ。注文だったらいいけどな。せいぜいがんばれや。それといいかげん携帯ぐらい持てよ、一応商売やってんだから」。私はドキドキしながら川越市場に電話をしてみた。するとなんと「佐藤さん、注文が入りました。一俵三五〇〇円でどうですか」と、注文が入っていたのだ。しかも「これでよければ年間定期注文になりますから、がんばってくださいね」とのことだった。

私は、このとき決意をした。この仕事は個人レベルでどうにかなるものではない。法人として、榊の大会社を作ろうと。

3　彩の榊を創業

設立準備

国内で法人化している榊屋は、ほんの数えるほどしかない。いまだに神棚用の「造り榊」

は中国産が九〇パーセント以上を占めているのである。日本の神さまに祀る榊がどうして中国産で九割を占めているのか。それには多くの要因が考えられるが、主なものとして、高齢化による担い手不足がある。

このようななかで法人として新たに始める榊屋であるが、その社名を決定するうえで自分の考えとして、一つだけこだわりがあった。それは必ず「日本らしい社名にする」ということ。それで兄のアイデアで「彩の榊」という名に決まった。「彩」は、彩の国さいたまから採り、あとは単純に「榊」をつけたものである。

そして会社設立には当然、お金が必要である。やはりどんな会社でも設立となれば一〇〇万円くらいはかかる。それに道具・車輌・電気設備・申請金など、少しぜいたくを考えれば五〇〇万くらいは一瞬でなくなってしまう。頼れるのは親戚と近しい友人、それに親だった。本当に感謝してもしきれないことであるが、私の叔父（父親の弟）の佐藤誠（現、専務取締役）と、同じく私の伯父（母の兄）である善波隆三（現、常務取締役）が二人で資本の八割を出資してくれることになった。残りは友人の鈴木毅、同じく友人の増田英樹、それに父親に出してもらい、それでも足りない残り二〇万円は自己資本で捻出することにした。その自己資本二〇万円も愛車の下取り値段による、いわば現物出資であった。

この資金繰りは重要な問題の一つではあったが、私にとってはそれよりも売り先をみつけることがさらに重要だった。当時、インターネットで調査するより他に手段はなかったため、「榊」「よく売れる」「地域」などの検索ワードで、いろいろな記事を読みあさっていた。

そのなかで、「榊の生息の北限は岩手県である」と書いてあるのをみつけた。ということは、榊は寒い場所には自生していないのだ。そのことに気がついた私は、すぐに東北エリアの花市場に電話をかけまくった。福島・宮城・秋田・岩手・青森。かくいう私の両親は秋田県出身であり、子供のころから東北地方にはなじみがあった。電話から聞こえてくる東北なまりは、私の心を落ち着かせてくれる気がした。いつもの要領で榊の販売の説明をすると、「国産榊だば、間にあってるねえ。足らねえどごはさあ、中国産売ってでるもんでよ」「なるほど、そうでしたか。ありがとうございます。でも、もしよかったら、私の榊を見るだけでも、お時間頂けないでしょうか」「んだば、見るだけだよ。こっつも時間ねえっからよ。んだば、気いつけてきいな」と、こんな調子であった。同様に話を聞いてくださった市場がある一方で、およそ半分の市場には最初から断られてしまった。

ともかく設立の準備は終わり、登記も完了して、会社としては第一号となる作業車、純白の軽トラックが届いた。ちなみに値段は一八万円だった。

忘れられないスタート

設立月日は代表者の「サトウ」に合わせて三月一〇日となった。すでに従業員も営業所も決まった。地元の飯能市を離れ、隣の東京都青梅市、五人からのスタートであった。

設立の翌日、伐採地で軽トラの脚力を試していると、突然グラグラと揺れがきた。軽トラの調子がおかしいのかと思い、はじめはさほど気にしなかった。しかしカーラジオから聞こえてきたのは、恐ろしい情報だった。大きな地震が起きて、東京お台場のビルなどで火災が発生しているという。

にわかに信じられないニュースだったが、急いで会社に戻ることにした。まだ本格的な業務開始も迎えていない作業場に入ると、少し棚などが動いた様子だった。その後、電話が通じなくなり、やがてガソリンや電力も止まってしまうという、思ってもみない事態におちいってしまった。

会社設立の翌日、三月一一日、東日本大震災が起きたのである。一生忘れることはできないだろう。

とにかく、できることは何か考えた。翌週からは従業員も通いはじめることになっていた。営業予定先の東北の花市場は大丈夫なのだろうか。できたばかりの会社で、考えだすと不安だらけであった。ただ、小さい会社でも起業した一経営者として、不安な顔だけは皆に見せまいとしていた。当時の私の考えていた不安要素を整理してみる。

①　大地震によって営業先として予定していた東北での需要が落ち込んでしまうこと。
②　設立したばかりの会社で今後断続的にライフラインが断たれてしまうこと。
③　せっかく集まってくれた従業員たちのやる気が失われ、離れていってしまうこと。

こうしたことが、私の心のなかに心配として残っていた。

東北地方で営業

震災前のこととはいえ営業アポイントを取っていたのだから、東北へは必ず行くと決めていた。青森県・宮城県・福島県、その他にも候補はあったが、日程やガソリン不足、先方の状況によって行けない所もあった。

たんに「営業に行く」だけで、ライフラインの一つとして大切なガソリンを大量に消費するということは、震災直後の当時の日本では、顰蹙を買いかねない行いだと思った。私は友人に相談を持ちかけた（前述の、出資者でもある鈴木と増田の二人である）。鈴木にガソリンは何とか用意してもらえることになった。ついでに行きつけの青森県八戸市の病院にアトピーの治療にも行くと言ってくれた。鈴木は持病のアトピー性皮膚炎があり、普段は忙しくてなかなか治療に行けずにいたのである。そして増田にも「営業を手伝いたい」と心強い言葉をもらった。

鈴木はあちこちからガソリンを、合計二〇〇リットル集めてくれた。増田は東北営業のルート決めをして、また被災地への持ち込み物資として飲料や食料を買い込んでくれた。そしていよいよ営業に出発した。高速道路へ入ったが、途中何度も一般道路へ下りなければならなかった。その一般道路も崩落している所が多くあった。現在では考えられないような状態であった。

営業初日、まずは福島県の福島花き市場へ到着した。担当の方が事務所から出てこられた。はるばるやってきてはみたが、私は「今は榊どころじゃないよ。帰ってくれ」と言われるものと覚悟していた。しかし、なんと「よく来てくれたあ！　佐藤さん」と、歓迎の言葉をかけて頂いたのである。なんでも震災で福島の榊が採れなくなってしまい大変だったのだという。

実は福島には、それまで東北地方全体に供給していた「浜通り榊」という有名な榊の産地があった。震災関連のニュースなどで耳にすることも多い浜通り地方である。ここでは本当にきれいな高品質の榊が豊富に採れていたのである。

早速にでも榊を卸してほしいということで、「待ってっからさ」と言って頂き、私たちは「ありがとうございます」の言葉しか出てこなかった。三人で深く頭を下げ、お礼を言った。ただ、震災の被災地の方に対してこちらが「ありがとうございます」はどうなんだろうと、後で三人で話していた。

次に向かったのは宮城県仙台市の仙台生花である。担当者は私と同じ「佐藤」さんだった。東北地方特有の優しさを持った佐藤さんは「東京で榊が採れるんだ?」と一言。最初は「怒っているのかな」と思った。佐藤さんは少し間をおいて、こう言った。「ぜんっぜん足らねえのさ、榊がよ！　すぐ持ってきて。いつから出せる?」。

最初に福島を訪れてから、私は東北地方の状況がいまいちつかめていなかったのだが、それが徐々に理解できるようになってきた。仙台もまた福島と似たような状況にあったのだ。「浜通り榊がよ、まったく採れないからよ、榊がほしいのさ。今はよ、こんな状況だから花屋なんか営業もしてねえわけ。でもね、榊だけは売れんのよ。みんな花はいらねえけど、榊はほしいってよ」。

どうやら震災でめちゃくちゃになった東北では、着るもの・食べるものもさることながら、まず神仏を大切にしているらしい。その後の話では、仮説住宅でも多くの方が、私たちの榊を飾ってくださっていると聞いた。

営業二日目は青森市と八戸市に行った。いずれも同じような対応をして頂けた。まだ起業して間もない三〇歳そこそこの私たちに注文を出してくださることに、何度も何度も感謝をして頭を下げた。それと同時に、私たちは東北営業の道中、何度も何度も手を合わせ、亡くなった方たちへ祈りを捧げた。

営業から戻ってきてからは、本当に忙しかった。はじめてもらう注文に四苦八苦したが、それでもなんとか出荷することができた。大切なのは、その注文が一度で終わらずに、この先も継続して注文してもらえるということである。しかしすべてにおいて初心者である彩の榊は、技術も経験も、実績と呼べるものは何一つ持っていない。結果、クレームの嵐にさらされた。ついこの前注文を頂いたお客さまに、今度は謝罪として何度も頭を下げていた。

4　畑を夢見て

山の榊と島の榊

山から榊を採ってきて、それをきれいに洗い、その後一つひとつ形を整えながら加工していく。一束作るのに一〇～一五分かかる従業員もいた。それを売って、得られるのは一

図３　山から榊を採取してもちかえる

図４　榊の梱包作業

図5　会社前で榊の整理

図6　山採り榊の選別

束あたり七〇～一〇〇円ほどである。周りから見れば、おそらく「従業員も含めて、これでこの会社は大丈夫なのか」と思われていたに違いない。

営業面では、お礼を言ってはクレームに対して謝罪をする、そんな毎日が三、四カ月くらい続いていた。そんなある日、一本の電話が入った。新規のお客さまは一件でも本当にありがたく、うれしいものなので、はりきって電話に出た（それは今でも変わらない）。その電話は「見本がほしいのでもらえないか」という依頼だった。その方はなんでも「国産榊生産者の会」をやっている人で、私の榊を一度見てみたいのだという。

この「国産榊生産者の会」は、奥山完己・理恵夫妻が八丈島に事務所をかまえて運営している。年会費などは一切無料で、純粋に国産榊を守り、広め、会員全員で成長しあえることを目的とした会である。

電話はこの奥山さんからのものだった。私は相手がお客さんと思い込んで応対したので、少しとまどってしまったと思う。それでもとにかく「わかりました、それではサンプルをお送りいたします」と返事をした。すると奥山さんの方も、八丈島の榊のサンプルを送ってくれること、その年の研修会が静岡県で行われる予定であることを伝え、最後に励ましの言葉をかけてくれた。

「佐藤くんは起業したてかな。もしあまりお客さんがいないようなら、私の知る限りだけど、紹介するからね。せっかく榊を始めたんだから、最初は大変だろうけど、あきらめちゃいけないよ。がんばってね」

電話を切った後、私はしゃがみこんでガッツポーズをしていた。奥山さんの言葉が、素直にうれしかった。

三日ほど経って、奥山さんの榊が立派な箱に入って届けられた。箱には「八丈榊」と書かれていて、他にも規格サイズや仕立てなど、箱の外観から何が入っているかすぐにわかるようになっていた。緊張しながら、でも楽しみな気持ちでゆっくりと箱を開けると、それは深緑色をした宝石だった。たんなる榊という植物ではなく、榊の形をした、キラキラと輝く宝石のように思えたのだ。

手に取ってみると、ひんやりと、そしてずっしりと重たい。葉の表面は輝いている。はじめて見る八丈榊の印象は神々しく、こちらからあいさつをしても容易に返事はしてくれそうにない、見上げるような山の手の高級榊だった。

その後、落ち着いて八丈榊を観察してみると、だんだんとそのすばらしさが具体的にわかってきた。虫食いや汚れもなく、葉の一枚一枚が肉厚で、水分も多い。どうしたらこんな榊ができるのだろうと思った。自分もこんな榊をお客さんに出せたらと思うようになっていった。

そして同時に八丈榊のマイナス面も見えてきた。山の榊と島の榊の特徴についてまとめておこう。

① 島の気候（高温多湿）によって、ほぼ毎年新芽が出続けている。新芽が出ると、その部分は柔らかいため枯れやすく、またそこを取ってしまうと全体の形状が悪くなってしまう（ただし、山榊に比べると、はるかに肉厚であるため、枯れる確率は低い）。一般的には山榊の新芽はすべて摘取する。島榊は水の管理、直射日光にあてないなどの管理をしっかり行えば、室内でも新芽がきれいに育ってくれる（ただし基本的に新芽は好まれない）。

② 山榊は通常、山林のスギ・ヒノキのもとに生息しているため、木軸に対して垂直方向、つまり真横に伸びている。山林のなかの暗い場所（八〇〇〇ルクス程度）で育っていると、少量の日光でも受けようと、枝葉が横へ横へと伸びていく。神棚に祀る榊は、葉がすべて正面を向いてきれいに揃っていることが理想である。その点からすれ

ば、山榊は理想の「造り榊」へと加工がしやすい。一方で島榊を考えてみると（畑栽培の榊も同様である）、充分な日光を浴びることができるので、成長も早く、収量の点ではメリットが大きい。しかし勢いよく太陽のもとで成長した枝葉は基本的に真上へと伸び、立ち上がる。すると一つの枝のうち三割ほどは裏を向いた状態になってしまう。

山榊と島榊にはこのような違いがある。結局のところ、選ぶのはエンドユーザー、お客さんなので、一概に山が良い、島が良いということは言い切れないのである。

畑でやりたい

奥山さんが言っていた研修会について、私はまだ会社の月間予算の計算も終わらないうちに参加を申し込んでいた。

静岡県は富士宮市で、「国産榊生産者の会」に初参加することになった。はじめて目にする榊畑はとても感動的だった。そこでは人工的に榊が畑栽培されており、規則正しく並んだ榊の列が目を引いた。これなら榊の管理や売り上げ計算も正確にできるだろう。しか

図７　国産榊生産者の会のメンバー
前列，右から４人めが奥山完己さん。

し先にまとめた通り、山の榊に比べると葉が裏を向いている箇所が多いように感じられた。また、富士宮市では榊以外に樒《しきみ》の生産が盛んで（一緒に行った鈴木によれば、私はむしろ樒の方に夢中になっていたようだ）、自分でもやってみたいと思った。

この静岡研修を通して火が点いた。自分のなかでまた何かが変わったとはっきり感じられたのである。国産榊を全国に広めるには、山採りだけではだめだ。帰ったらすぐに畑栽培を始めようと心に決めた。もちろん榊もそうだが、私は樒も気になっていた。富士宮市で出会った赤池さん、小澤さんのお二人から、とてもきれいな樒の苗を一五〇〇本も無料で譲ってもらえるという話も頂いていたのだ。

樒は主に仏壇に供える葉物で、花もきれいだが、とくに花として使用する植物ではない。現在ではこの樒農家も激減しており、やはり国内供給は榊同様、中国産に押されているのが現状である。

青梅市では当時、事務所を構えたのはいいものの、いまだ農業と言えるものは一切確立できていなかった。しかし私の頭のなかにはイメージがあった。この青梅で空いている農地があれば一本でも多く榊と樒を植えたい、そして一面の畑のなかで両手を広げて大声を出したい、そんなことを考えていた。正直なところ、榊を畑栽培してそのうえ樒など、ただ一人としてお客さんのあてがあったわけでもないのだが。

認定農業者

山の榊を毎日採りに行っていた。台風の雨のなかでも、真冬の雪のなかでも、大量の蜘蛛の巣や蚊の大軍にも負けず、とにかく毎日山に入っていた。休みはなかった。ひたすら山の榊を採っては、三〇キログラムもある榊の袋を担いで急斜面の山を下り、また上がっては下っていた。そうしながらも早く畑栽培を始めたい、一面の榊畑を自分の手で作りたいと強く願っていた。ただ、そのための道がなかなか開けないでいた。

そんなある朝、新聞を読んでいたら、「若者の新規就農、国が応援」という記事が載っていた。私はハッとして、その記事を切り抜き、すぐにインターネットで調べてみた。どうも「東京都農業会議」という所が関わっているようで、私は切り抜きを片手に会社から電話をかけてみた。すぐに担当者につないでくれた。「はい、松澤です。どんな用事ですか」と、少しぶっきらぼうな感じで応答したこの人こそが、私の農業人生におけるキーマンだったのである。

私が用件を話さないうちに松澤さんは、「あのね、君がどんな人かは知らないけどね、本気で農業やれないんだったら、話は聞けないからね」と言い放った。それで私はなんとか本気で農業をやりたいということを伝えようとしたが、松澤さんは「何を作っているの。場所は、面積は。農地の許可や種目は」と矢継ぎ早に質問を重ねてきた。それに対して私は何も答えられなかった。「ほらね、何も答えられないじゃないか。それじゃだめだよ。応援はできない。声は若い感じだけど、歳はいくつなの」「はい、三三です。勉強不足ですが、がんばりますのでよろしくお願いします」と、ワラをもすがる想いで、それが精一杯の言葉だった。「それだけ本気だと言うならちゃんと質問に答えられるようにしておけ。

君は本気だと言うけど、もっともっと真剣でめちゃくちゃ本気で農業やってるやつはたくさんいるんだぞ。また電話してこい、もっと勉強してからな」と、電話は切れていた。

松澤さんの声はあたたかく、本気だった。自分がまったく甘かったことを思い知り、自分より本気だという人たちに負けたくないと思った。

その日から、とにかく自分の足で歩いて地元の農家にあたり、農業委員の方へあいさつにも行くようにした。毎日毎日、本気の農業を探して歩き、山へ行くときも空いていそうな農地を見かけたら地主が誰か聞き出したり、何か困っていることがないか地元の農家と話してみたりした。おそらく迷惑に思った人もいただろう。しかし、それよりも一面に広がる榊・樒畑の方が優先だったのだ。

地元農家の加藤信也さん

そんなとき「ずいぶんがんばってるみたいじゃないか」と声をかけてくれたのは、地元農家の加藤信也さんだった。私が榊と樒の栽培のための農地を探していることを話すと、なんと加藤さんは紹介できる農地があるのだという。「今から見に行くかい」と言われ、私はそのとき何の作業をしていたか覚えていないが、すべてを投げ出してついて行った。

紹介された土地はなだらかな斜面で、日当たりも最高。もともと畑だったので土も悪くない、一・五反ほどの面積の土地だった。「本当にいいんですか。こんな良い土地を」「農家は大変だけど、わかることだったら何でも教えるから」と、私はその言葉に誓った。何があってもあきらめない、自分に力を貸してくれた人を絶対に後悔させないと。

すぐに静岡に連絡を取った。先に述べた赤池さんと小澤さんが約三年手塩にかけて育てた榁の苗木を譲ってもらうためだ。私はレンタカーを借りて、二トン車に山積みの榁、約一五〇〇株を青梅に持ち帰った。一一月の冬のことだった。

恐いもの知らず

私はよく「もう少しよく考えて行動した方がいいよ」「もし失敗したらどうするの」などと言われることがある。本当にありがたい言葉だと思い、「心配してくれて、ありがとうございます」と答えている。しかし私は失敗のことは考えないし、考えられないのである。いつも失敗ばかりして、それでも生きているから、それが失敗だと思っていないのだ。

反省していないのとは違う。だから一人ひとりの言葉には心から感謝をし、受け止めているつもりだ。ただ、自分の胸にある気持ちを止めることができないのである。

この榁栽培のことでも、「榁は東京や埼玉みたいな寒い土地じゃ育たないからやめた方がいいよ」「今の仕事だけで手一杯なんだから少し待った方がいいよ」と教えてくれる人は多い。だから私は、こんなに心配してくれるのなら、なんとか安心させてあげなくてはと思うのだ。家族、友人、農家のみなさん、従業員、大切な人たちほど心配をしてくれるものなのだ。

でも今、自分が止まったら、結局自分が一番後悔するし、見渡す限りの一面の榊畑を見ることもできなくなる。口先だけのうそつきにもなりたくない。今まで何をするにも中途半端にやってきたが、今度は本気、絶対に止めてはいけないと思った。

こんな私を、人は恐いもの知らずだと言うが、本当はそうではない。人前で話すとき、起業するとき、地元の農家にあいさつに行くとき、私は人一倍緊張するタイプだと思う。でもそんな緊張や不安に打ち勝つことができるのは、いつでも一面に広がる榊・榁畑のイメージのおかげだった。

5　これからの彩の榊

叶わぬ夢でも

神棚には国産の榊を祀り、仏壇にはやはり国産の樒を供える。朝にはお年寄りも、お父さんもお母さんも、子供もみなで神さまやご先祖さまを尊び、手を合わせ、感謝を伝える。神道や仏教など、宗教的な問題に限ったことではなくて、ただ一心にそうあってほしいと思う。なぜ私が国産にこだわるかというと、それは次の理由からである。

①　国産榊・樒は日本特有の信仰に欠かせないものであり、育てる人も加工する人も、そして購入して利用する人も、すべて意味を理解していてほしい。

②　精神的価値のあるものとして考えた場合、当然、新鮮というのが絶対条件のはずである。中国で加工して国内で販売されるまでを考えてみると、伐採（収穫）↓選別↓加工↓洗浄↓薫蒸（中国のみ）↓薬品殺虫（中国のみ）↓梱包↓出荷↓海上輸送↓陸送↓市場↓店頭と、ここまでで三〇日ほどかかることになる。

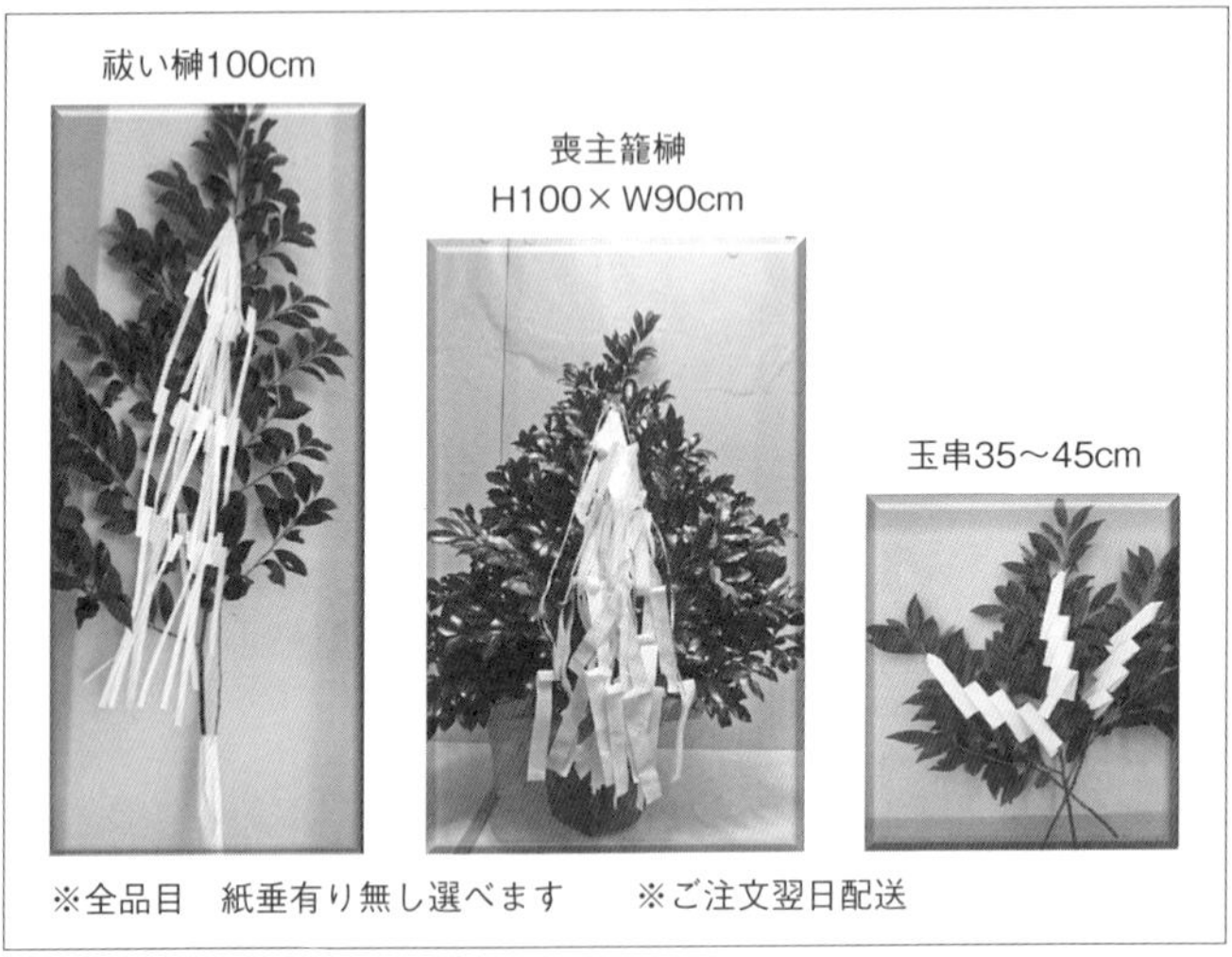

図８　神葬祭榊セットのパンフレットより

③　榊・樒の国内生産が増えていくことにより、榊・樒農家も当然増える。とくに若者がそうなって、榊・樒の意味や役割を知ることで、日本人のあるべき姿へとつながっていくと考えている。

これらはあくまで私個人の考えであり、希望である。それが絶対に正しいとか正しくないということではない。そしてまた、「今の日本でそんなことは無理だろう」とか「神棚や仏壇なんて、もうこれ以上は増えないのでは」などといった意見も少なからずある。たとえ人が「それは叶わぬ夢だよ」

と言ったとしても、私にはすでにイメージができあがっている。ただひたすら、そのイメージの図面通りに動いているから、少しの不安もない。

神さまギフト

私は時々、「神さまギフト」を受け取ることがある。それはいつも突然やってくる。会社が倒れそうになったり、どうしても何かが必要だと願ったり、そういうときに突然、目の前に現れるのである。

その日もやはり神さまギフトを受け取った。

今から約二年前、寒くなりかけた時期だったと思うが、事務所の電話が鳴った。「メガソーラー機構」の清水さんという方からだった。その会話の内容は、埼玉県北西部でこれから国内最大級の営農型発電を予定している、そこに彩の榊で榊の苗木を植えてもらいたい、面積は約三〇ヘクタール（約九万坪）の広さである、というものだった。清水さんは「今、都内にいるんだけど、もしそちらの時間があればこれから伺ってもいいですか」と言うので、私は心ふるわせながら「はい、お待ちしております」と返事をした。

二時間ほどして来訪した清水さんは、その「メガソーラー機構」の理事長であった。計

図９　埼玉県美里市におけるメガソーラーパネル施設下の榊

画の概要を伝えられ、私は着々と夢へと近づく一歩を踏んでいると確信した。

　計画は、休耕地を利用して設置されたソーラーパネルの下で榊・樒の定植をするというものである。その数およそ六万株の苗木が必要であった。先に述べたように日陰で育つ榊は葉がきれいに前を向いた「造り榊」として整えやすい。パネルの下で栽培する作物として榊は適していたというわけだ。また、そこで育った苗木は地元の農家によって管理育成され、将来的には材料として彩の榊へ出荷してくれるのだという。

「幸次」という私の名前は、父親の幸作から一字、母方の祖父与四次《よしじ》からまた一字をとって名づけられた。与四次は私が幼少のころ、母の実家である秋田県由利本庄《ゆりほんじょう》市の、いわば地元の名士として活躍していた人だ。子供の私にはとても厳格な祖父で、めったに笑うこともなかった。

最近、母に聞いたことだが、祖父は生前、地元農業の発展や北海道の農業のために生涯を尽くした人であった。とくに北海道の農地開拓や移民事業に力を入れていたのだという。私はそれを聞いたとき、自分には先祖から受け継いでいる役割があるのだと感じた。そのように気づいたころからは、ピンチに陥ったときでも、不思議と「大丈夫、自分は必ず農業でやっていける」と信じることができるようになったと思う。

「幸次」という名前は、「幸せの次」と書く。これは不幸せということではないかと、かつては不満に思うこともあった。しかし農業を始めてからは、「幸せが次々とやってくる」と解釈するようになっていった。これは自分にとっては大きな発見だった。気恥ずかしかったがこのことを両親に伝えると、素直に喜んでくれた。自分の名前と人生の役割を理解したら、それからはもう迷うことなく進むことができた。

商売ということ

東京神田に株式会社創風土という会社がある。名取仁社長率いる、高山誠会長他七名で、年商五～六億円の売り上げを計上している。

これも二年ほど前のことになるが、その高山会長から電話があった。創風土は東京で野菜卸をやっている会社で、野菜以外の商材として、これから榊の取り扱いを考えているので直接会って話をしたいとのこと。当時はまだ充分な顧客を確保していたわけではなかったので、ありがたいと思い、「お待ちしております」と即答した。

駅まで私が迎えに行き、会社までの道すがら、この山間地域では良い榊が多く採れること、なぜ自分が榊屋になったのかなど、いろいろと余計な説明まで加えて話した。そして会社の作業所や事務所を案内して、一応話を取りまとめたところで、高山会長はけげんそうな顔をした。「社長、このままではいかんで。あなたの仕事を見とったらやな、商売と違う」。

一九四五年生まれの高山会長は、その年齢より見た目は若く、姿勢も良く、とても優しそうに見えて、とっつきやすい。広島県尾道市の出身で、ダイエーやローソンの役員という幅広い経歴を持ち、それだけに意見をはっきりと言いながら相手をしっかりと観察する力があると感じた。

そんな高山会長に叱られながら教わったのは「次工程はお客さま」「定物定位」という

二点である。

「次工程」とはどういうことか。社内でも社外でも、ものづくりをしていると必ず次の人に「もの」が渡ることになる。次の人に渡すとき、お客さまに渡すときと同じように渡さなければいけない。自分が作ったものを「どうぞ、この大切に作ったものを大切に検品して、袋詰めをして、出荷してください」と愛を込めなさい、ということだ。

「定物定位」とはどういうことか。使ったものがどこにあるか、わからない。それでは「ものづくり」が「ものさがし」になってしまう。ものや道具は決まった場所へ必ず戻す、それが「定物定位」である。

私は、高山会長から現在でもひどく叱られることがあるが、つねに愛を持って接してくださっていると感じている。同時に農業でもどんな作業でも、それが反映されている。高山会長の営業力とネットワークのおかげで彩の榊はそれまでより売り上げを伸ばすことができた。社内全体で、商売とはどういうことか、彩の榊が向かうべきところはどこか、ということが明確になってきたのである。

挿し木のビジネス

花市場へ週三回セリに行っていたころ、セリ相場を考えながらいつも感じていたことがある。みんなが欲しがる花（キク・カスミソウ・バラなど）の値段が高いのならわかるが、あまり多くの人が必要としない花（榊やツツジなどの枝物、また一〜一・五メートルほどの大きな枝物）の方がいつも値段が高いのはなぜだろうか。

花屋にのめり込んでからは、だんだんその意味がわかってきた。農家は専門的に特定の花を作っていることが多い。キク農家にしてもバラ農家にしてもそうである。なので市場にとっては、年間を通して安定供給されることが重要なのである。しかし、いくら手がかかっていても、たとえきれいな化粧箱に梱包されていても、時期によって入荷量がふくれあがった時には、当然相場は下がってしまう。「ああ、これじゃあ送料代にもならないよ」というのは、セリ場でセリ人がよく言う科白である。そして買参人は暴落した価格を示すデジタル表示を見て、「しめしめ」とボタンを押すわけだ。

私は「農家さんも大変だな、本当に」と、いつも思っていた。一方で枝物類については、あまり自分には関係ないなと思いながらデジタル表示を見ていると、いつも高値がついている。特別きれいな梱包があるわけでもない、ひもで縛っただけの大きな枝物。でも実はそれは大変な技術と苦労があっての商品だったのだ。まずその枝物類の木を育てなければならないのと、その生産者が全国で不足しているということがあった。つまり、生産者が多い花類は値段が下がりやすく、生産者が少ない花類（枝物）は値段が上がりやすいということだったのだ。

これは一見、当然のことのように思えるが、これがなかなか改善できないところなのである。キク・ユリ・バラ・カスミソウなどはハウスがなければ生産できず、そのうえ周年管理に非常に手がかかる。農薬代や肥料代も、暖房のための光熱費も、年々コストが上がっている。そんななかで入荷量が増え、荷物がだぶついたときのセリ値などは目もあてられない。これでは後継者も育たないし、やる気を保つことも難しいだ

図10　西川広域森林組合の方々との挿し木作業

ろうと思う。

　私は榊という山に自生している商材を扱いながら、つねに農業新聞で日・水・金の大田市場のセリ相場をチェックしていて、あるとき気がついた。上の方からキク・バラ・ユリなど次々と品目が値づけられていて、一番下の方に「その他枝物類」という覧がある。そこにはドウダンツツジ・ユーカリなどわずか二～三品目のグループがあり、これがまたバカに値段が高い。

　これしかないと思い、平成二五年の春から一気に挿し木の繁殖を始めた。初年度は約五〇〇〇本の挿し木を行った。地元の農家やさらには森林組合までも巻き込んで、最終的に五〇人近くの人が集まった。農林振興センターの指導員の方が来てくださり、大がかりな挿し木運動が始まったのである。

　森林組合の方々は約二〇〇〇本の挿し木（本榊・橸・ヒサカキ・ユーカリなど）を行い、彩の榊はそれに加えてドウダンツツジ・アイビーなど約三〇〇〇本を挿し終えた。春に挿した穂木は着実に発根して順調に見えた。森林組合も農家のみなさんも私も、それが大きく成長し出荷されるのを楽しみにしていた。

神の采配

夏も近づく六月のある日、いつものように挿し木に水やりをしていた。事務所では次々と電話が鳴り、私の携帯電話にも着信があった。それらは八月のお盆に向けての注文である。榊や樒の販売は、花卉業界では三月の春彼岸、八月のお盆、九月の秋彼岸、一二月の暮れと、年に四回は大忙しとなる。

そのお盆の販売で忙しさにかまけていたとき、挿し木の圃場を見て愕然とした。なんとユーカリの挿し木が全滅していたのである。一つひとつポットを外して根がまだ生きていないか、葉の青い箇所はないか、すがる思いで自分の手がけた圃場を確認して歩いた。その間も注文の電話やら打ち合わせの用事やらと、携帯は鳴り続けていたが出る気にもなれなかった。

枯れた理由は明らかだった。単純な水枯れである。水やりさえ怠らなければ、こんな事態にはならなかったはずだ。悲しい気持ちと悔しい気持ちが入り交じって、それは次第に怒りへと変わっていった。自分の責任ではない、こうなったのは周りのせいだと思うようになった。「あのとき水やりをできなかったのは、あの人が」「あのとき遮光ネットを後回しにされたのは、彼が」とそんなことをただ思い返している数日で、ユーカリを含む挿し木、榊・樒の大半が枯れてしまったのである。

私は若干投げやりな気持ちで仕事に向かうと、事務所で鳴っていた注文の電話はすべてクレーム返品の電話へと変わっていた。まるで神に見捨てられたような気がした。

一方、森林組合で挿した穂木は、その年の関東地方の記録的な猛暑にもかかわらず、約半数が生き延び、現在は山に植えられて出荷のときを待っている。

若手社員の入社

大きな失敗ですっかり落ち込んでしまった私だが、会社に若い力がやってきた。

あるとき、前に彩の榊でアルバイトをしていた伊藤悠斗が、突然会社に現れた。当時高校生で今は一八歳、久々に顔をあわせることになる。彼は植木屋に就職したのだが、辞めてきたのだという。私にとって願ってもない若手の助っ人だったので「さっそく明日から来てくれ」と伝えた。高校一年生のときからちょくちょく榊屋を手伝ってもらっていた伊藤は、無口でひかえめであったが、とにかく手先が器用で、教えられたことはなんでも自分なりに工夫をし、さらに良いものとして形にするのが得意な男だった。

彼が入社してから、その同級生の二人、管理能力と責任感に厚い久保田翔と、底抜けに明るく山仕事のできる怪力の山田竜太も加わり、新しい彩の榊が生まれた。これでソーラーパネル下の植え込みや圃場拡大、加工の管理、伐採山林の管理と、手が回るようになっていった。

それを追うように入社したのが錦織慎である。二五歳の彼は大学院中退後、あらゆる販売や営業をこなし、とにかく農業がやりたいと彩の榊に入社してきた。私の一〇歳も下だが、今の会社に足りないもの、改善すべき点など、本人が知りうることはなんでも私に伝え、ときには「そのやり方で、社長は日本の農業を変えることができると思っているんですか」と強く言い寄ることもある。

そして最近、田端大雅が入社した。一六歳の彼は高校中退の後、引越し屋などいろいろなアルバイトを転々としていたが、どんな仕事にもやりがいを感じられなくなったのだというう。それで今はボクシングのジムに通いながら、ともに仕事をしている。

私にとっての農業

この通り、当社にも一六〜二〇歳ぐらいの若者が次々と入社してきており、重労働の山林作業や農業に積極的に取り組んでいる。私が彼らの頃と比べると、比較にならないほど真面目で、一所懸命でもある。そんな彼らのためにも、これからの彩の榊は将来を見据えた事業展開が重要だといえる。

現在の圃場面積は「ネコのひたい」ほどであるが、今後、五年計画の拡張を予定している。

① 営農型発電にともなう榊・樒農地計画として、一基あたり約五〇〇坪、二年以内に六〇〇基のパネル設置下に苗木の定植（約三〇万坪）で、約一〇万株の苗木。

② 青梅市彩の榊事業所近辺に二ヘクタールの圃場拡張で、約一・二万株の苗木。

③ 埼玉県飯能市入間、約五ヘクタールの圃場拡張で、約三万株の苗木。

これにより国内最大級の榊・樒営農計画となる。

二〇一四年一〇月、幕張で行われたIFEX（国際フラワーEXPO）出展では商談が相次いだ。商談の結果、月間約三〇万束の要望があり、売り上げに換算するとおよそ月に三〇〇〇万円、年間で約六億円規模という成果が得られた。これほどの需要があり、また営農計画があるのだから、放っておくわけにはいかない。これからも多くの農家、地域のみなさん、そして会社の従業員とともに、自分の生涯をかけてこの事業をまっとうする覚悟である。

どんなときでも、私が第一に心に思うことは「歩み寄り」である。まったく知らない土地で農林業を始めるには、こちらから心を開かなければ何も始まらない。いつも何を言われても、どんな状況でも、私は自分から歩み寄ることで互いに理解しあえると考えている。

図11　幕張でのIFEX出展ブース

農業というこのすばらしい世界では、畑の土の上ではどんなに偉い人もそうでない人も、同じ土俵の上であり、一緒に悩み、一緒に笑うことができるのだと、つくづく感じることがある。これからも笑い者にされながら、失敗を積み重ねても、必ずこの日本で幸せな農業を作りあげていこうと思う。

第5章　「達者の循環」でめざすグリーンツーリズム

——青森県南部町の場合——

南部町商工観光交流課

（南部町の町章）

データ修正：青森県南部町商工観光交流課
データ提供：総務省自治行政局地域力創造グループ

南部町（なんぶちょう）
青森県の南東部にある南部町は，2006年，旧名川町《ながわまち》・旧南部町《なんぶまち》・旧福地村《ふくちむら》が合併して誕生した。
グリーンツーリズムに力を入れ，行政から民間へと運営主体を変える努力を続け，その取り組みは総務省も地域力創造活動の優秀例として注目している。

1　南部町とは

南部藩の発祥地として

南部町は青森県南東に位置する、人口約二万人の基幹産業を農業とする自然豊かな農作地帯で、今から約七〇〇年前に遡る南部藩発祥の地であり、その歴史を今に伝える数多くの文化財や史跡が現存するなど、歴史資源にも恵まれた町である。

またＪＲ東北新幹線停車駅のある県南の拠点都市の八戸市から車で一五分程の距離にあるほか、第三セクターが運営する鉄道の四駅が所在し、東北自動車道インターチェンジが程近くにあるなどのアクセス性を有しており、町内の観光農園や直売所には、果物狩りをはじめとする農業体験希望者や新鮮な果実・野菜などを求める観光客が訪れ、賑わっている。

南部町は、二〇〇六年一月一日に、旧名川町と旧南部町、旧福地村の二町一村の合併によって誕生した。南部町の代名詞となっている「達者村」プロジェクトは二〇〇四年一〇月九日、旧名川町で始まり、合併後に南部町全域で推進されるようになった。「達者村」とは、特色ある地域資源を生かし、来訪者と住民との交流を深めることを目的とした取り

図１　南部町のシンボル「名久井岳」と「馬淵川」

組み「バーチャルビレッジ（擬似農村）」である。「達者」とは、健康で長生きし物事に熟達することを意味し、来訪者も町民も交流することによりともに達者になることを目指す。

「達者村」が開村する前、旧名川町では、各農園で行われていた「さくらんぼ狩り」をきっかけとして、町民と行政が一緒になってさまざまな取組を展開してきた。たとえば、「さくらんぼ狩り」にやってくる観光客にお土産を買ってもらおうと、農家の女性による農産品の産地直売所や運営団体が誕生し、また、都市農村交流を進めようと農業体験をする修学旅行生のホームステイ受入事業が始まった。これらの旧名川町の取り組みが、現在の「達者村」プロジェクトのベースとなった。

図２　いきいきと作業にいそしむ「達者村楽農クラブ」のメンバー

新たなスタート

二〇〇六年、合併にともない「達者村」プロジェクトは新たなスタートを切り、住民三五人、町職員一二人からなる「達者村づくり委員会」が立ち上がった。住民からは、直売所、商工会、ホームステイ連絡協議会、観光ガイドクラブ、食生活改善推進員会など関係団体の様々な役職・立場の人が参加し、合併で一つになった町村の事業も含めて〝達者〟で活力ある田舎づくりが始まった。

そしてまた、「達者村」プロジェクトを成り立たせているという意味で注目される側面がもう一つある。

それは、それぞれの実践の現場では、つねに女性が前面に出て活躍してきたということである。直売所の主人公も女性、ホームステイの主人公も女性。農業観光では、(農産物を)作る技術は男性の方が高いが、売ることに関しては女性が主役を務めている。まさに、元気な女性たちが第一線で活躍してきたからこそ、現在のグリーンツーリズム分野での知名度の高まりや活発な活動展開が図られたと言っても過言ではない。

2 「観光農園」の誕生

さくらんぼ農園の誕生と「さくらんぼ狩り」の開催

南部町の馬淵川流域は稲作、町南部の台地一帯は果樹栽培が行われている。青森県南東部のこの一帯は、夏季に「やませ」という冷たい風が吹き込んでくることがあり、昔はイネの生育に与える影響が大きかったため、地勢的にも果樹栽培、とくにりんごの栽培を推進してきた歴史がある。合併前の旧名川町では早くからりんごの栽培が盛んに行われ、隣接する八戸に出荷してきた。一九七〇年代にはさくらんぼが高値で取り引きされるようになり、りんごの樹に病気が流行したこともあって、りんごからさくらんぼへ植えかえられ、

図３　さくらんぼ狩り

このときに旧名川町のさくらんぼの栽培面積が大きく広がっていった。

一部農家が先駆的に観光農園化に取り組み、一般客を直接農園に招き入れて「さくらんぼ狩り」を始めた。すると予想以上の来客があり、収益面でも上々の成果を収めたことから、さくらんぼの栽培面積はより広がっていった。一九八六年には、受け入れ農家の組織化と合わせ、さくらんぼ狩りの期間中を「名川さくらんぼまつり（現・さくらんぼ狩り）」としてＰＲ。現在も六月中旬から七月中旬までの間には、メインのさくらんぼ狩りのほか、セレモニーやさくらんぼの種飛ばし大会など、多彩なイベントが開催され、大勢の観光客で賑わっている。

「さくらんぼ狩り」から始まったさまざまな地域の取り組み

一九八六年に始まった「さくらんぼ狩り」は、その後、農業や農業観光の振興にとどまらず、「農産物直売所」や「ホームステイ」などさまざまな地域づくり活動を生み育てる〝苗床〟の役割を果たすようになっていった。さらに、二〇〇四年度からは「達者村」プロジェクトを担う重要な柱の事業となっていった。

「さくらんぼ狩り」のイベントに来た観光客は、それ以外にも、さまざまな農産物や加工品などを買って帰る。イベントには、農家の主婦による農産物加工グループも出店しており、後にこのグループが、年間三億円を売り上げる農産物産地直売施設「名川チェリーセンター」を運営する「名川チェリーセンター一〇一人会」（後述）に成長していった。

また、「さくらんぼ狩り」のイベントでは、関連企画の一つとして、さくらんぼ農家に民泊してさくらんぼの収穫を体験するという事業「さくらんぼ狩り&ホームステイ」が登場し、これが、後の農業体験修学旅行生の受け入れ（後述）へと発展していった。

「さくらんぼ狩り」から「農業観光」へ推進組織が進化

さくらんぼ狩りの運営組織も、時代とともに〝農業観光〟を推進する組織へと進化していった。「さくらんぼまつり」が始まった一九八六年に実施農家が立ち上げた、「名川観光さくらんぼ園振興会」では設立後に会員農家が増加、振興会は行政との連携のもと、毎年のさくらんぼ狩りを地域の農業観光事業として定着させていった。

二〇〇二年には、東北新幹線八戸駅開業を契機に、通年で農作業体験ができる体制を整備し、通年型の農業観光を進めていこうという「四季のまつり」も始まった。さくらんぼの収穫期間は六〜七月の約一カ月と短いため、他の果物狩りも農業観光のプログラムに加えることにしたほか、二〇〇三年度には、ハウス栽培による「いちご狩り」を冬のプログラムに加えた。さらに、メニューには稲刈りや果樹の花見などのほか、摘果や枝切り（剪定）などの管理作業も加わり、修学旅行や遠足など四季折々の来訪者に年中対応できるようにもなり、通年観光を行うようになると、名川観光さくらんぼ園振興会は「名川町農業観光振興会」へと発展した。

さらに、「名川町農業観光振興会」の取り組みは、二〇〇四年の「達者村」プロジェクト（後述）の開始と、その後の三町村合併を経て、二〇〇六年には「達者村農業観光振興会」として再スタートし、合併後のエリア全体の農業資源を生かしつつそれまでの来訪者数実績等に基づく体験メニューの見直しが行われた。現在では果樹に特化した春夏秋冬一六のメニューが南部町全体で展開されている。

「達者村農業観光振興会」の会員は五五人（二〇一四年一〇月現在）。振興会の活動は、「さくらんぼ部会」「果樹部会」からなる部会活動が中心となっている。会員となった農家は、各年間部会費三〇〇〇円と保険料六〇〇〇円を支払い、希望に応じて一つから複数の部会で活動できる。さくらんぼ狩りが期間的には一番短いにもかかわらず、その収益性の高さなどから、「さくらんぼ部会」が振興会の活動の八割以上を占めている。

さくらんぼ狩りを始めた当初は、農園までの道路が悪く、観光客が道に迷うこともあったが、徐々に道路整備が進んでいった。観光農業を振興するにあたっては、達者村農業観光振興会（農家）と行政との連携で進めてきており、「黙って待っていて、お客が来る時代ではないから」と、旅行代理店への営業などにも積極的に取り組んでいる。

3 「産地直売所」の誕生

「さくらんぼ狩り」の観光客に地元の特産品を提供したい

前述のとおり、一九八六年、旧名川町（現南部町）では「さくらんぼまつり（現、さくらんぼ狩り）」が始まり、多くの観光客が訪れるようになった。しかし、せっかく来た観光客に手土産として購入してもらえるような手ごろな地元産品が町にはなかった。そこで、農家の女性たちの間で、土産物になるような地元特産品を使った加工品を開発して販売しよう、という声が高まり、同年、農家女性三六人（当初）からなる加工グループが立ち上がった。そして、グループによる梅の加工品の販売が順調に売り上げを伸ばしていったことから、それに追随して特産品を研究開発しようという加工グループが次々と誕生していった。

農家女性たちのチャレンジ精神が実を結んだ「名川チェリーセンター」

グループが増えて加工品は充実してきたが、イベント等で販売するだけであったため、売り上げを増やそうと、店舗を求める声が上がった。より大きな売り上げへと結びつけたかった加工グループが町に常設の農産物直売所の整備を要望すると、グループによる自主的な運営を条件に、町による施設整備が実現することになった。そして、一九九一年一二月、町内幹線道路の国道四号沿いに農産物産地直売施設「名川チェリーセンター」がオープンし、加工グループの農家女性たちを中心に新たに結成された「名川チェリーセンター一〇一人会」が、その運営を行うことになった。
チェリーセンターを共同で管理運営するとともに、自ら生産した品物を施設に並べて販売する一〇一人会の女性会員は、当初八六人だった。最初、本当は一〇〇人の女性会員でスタートしたかったが、前例のないことを農家女性たちだけで始めようとしたことや、入会するには入会金（当時三万円）が必要なこともあり、なかなかメンバーが集まらなかった。周囲からは「どうせ始めたところで三年持てばいい方」「入会金の三万円は捨てるようなもんだ」などと言われた。また、「農家の嫁に小遣いはないというのがあたりまえ」という家も多く、運営に興味があっても、「農家の主婦には三万円もの大金は自由にならない」というケースもあった。

図４　農家女性たちで運営する農産物産地直売施設「名川チェリーセンター」

だが、名川チェリーセンターでの売れ行きは、多くの人の予想に反して順調だった。当初は、自宅で生産している農産物（各種果樹、野菜）のすそもの（規格外品）や農家女性

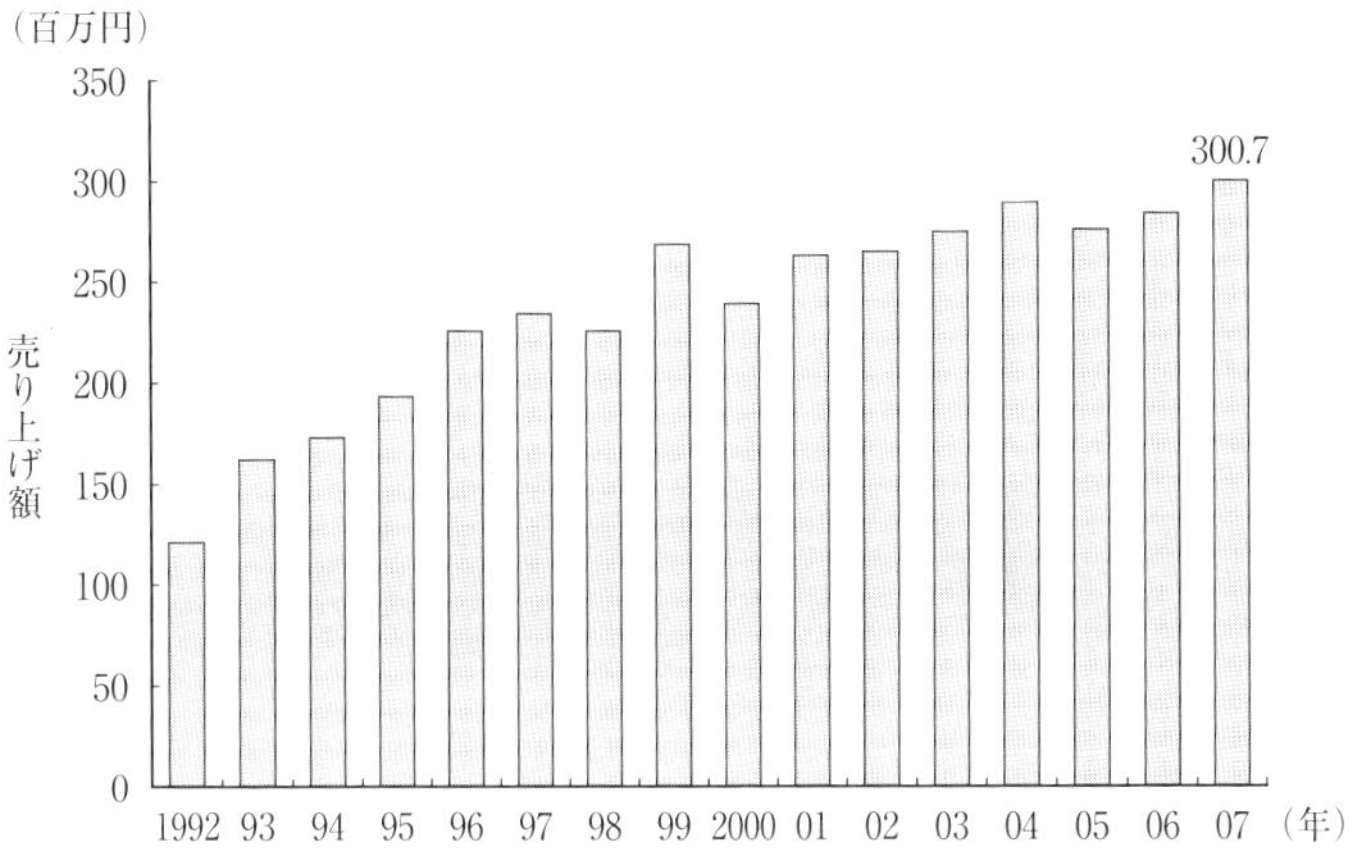

図５　名川チェリーセンターの年間売り上げ額の推移

たちが作った加工品（梅ジュース、漬物、ジャム等）などの売り上げで、年間二〇〇〇万円ほどあればいい、と関係者は考えていた。ところが、実際にオープンしてみると、予想を大幅に上回り多くの商品が売れ、初年度、一億二〇〇〇万円を売り上げることとなった。

高い売り上げが刺激となり入会希望者が急増

名川チェリーセンターの年間の売り上げは、オープン以降、右肩上がりで順調に伸び続け、二〇〇七年度にはついに三億円を突破。一〇一人会には入会希望者が殺到するようになったが、会員数は最大一〇〇人であるため、退会者がない限り新たに入会できない決まりになっている。一〇一人会の「一〇一」は、「つねに一〇〇人という始まりの目標会員数に、新たな飛躍を続けるとの意味を込めて一を足して命名した」という。

当初、農家女性たちの小遣いになればという程度の考えだったが、今では顧客のニーズに合わせて、贈答用、規格品といった産品が二〇〇点以上店先に並ぶようになった。一九九六年からは町へ施設使用料として、売り上げの中から〇・六パーセントを納付できるまでになった。各会員は売り上げの一〇パーセント（一九九八年から九パーセント）を手数料として一〇一人会に納めており、これがセンターを支える運営資金となっている。

皆で決めた厳しい会則で顧客の信頼を得る

チェリーセンターでは、商品を持ち込んだ会員自身が値段を決めて販売するフリーマーケット方式を採っており、すべての商品に生産者の住所や名前等が明記してある。

長年の組織運営の中で、一〇一人会には、厳しい罰則を含めていろいろな会則が設けられた。「会員自らが作ったもの以外を売ってはならない、一度でもこの会則を破った者は強制的に脱会」となっている。また、新鮮なとれたてのものを販売するということで、「朝の五時よりも前に商品を陳列してはいけない、破った者は三カ月間の出荷停止」という罰則もある。旬の新鮮な農産物を届け、売り上げを伸ばしているのは、こうした会則を設けて、自らを厳しく律してきた農家女性たちの努力の成果と言える。

家族が変わった

チェリーセンターの開設当初、地元農家のお母さんたちはお父さんたちから農産物のすそのものを分けてもらって、自分達が加工した加工品と一緒に店頭に並べていた。最初の想定では、販売で得た利益がお母さんの通帳に少しだけ入るはずだった。ところが、活動を続けるうちに、お母さんの通帳に入るお金がどんどん増え、お父さんの収入よりも多くなって、なかには、一〇〇〇万円以上を売り上げるお母さんたちも出てきた。

すると、チェリーセンター向けの出荷を農業経営の柱とする農家が増えてきた。そうなると家族の様子も変わってきた。以前は、お母さんたちはお父さんの通帳管理のもとで黙々と働いてきたが、今は違う。チェリーセンターに来た人に喜んでもらえるような農産品を家族で考える。お父さんが、「これから、どのようなものを作付けしたらチェリーセンターで売れるのかなあ」と、お母さんに相談をもちかけるようになった。「今はお母さんたちが生き生きとしている」とチェリーセンターの会長は話す。それに、値段づけや袋詰めなどは小さな孫たちでもできるため、家族全員で「いくら売れるかなあ」と話しながら作業をする農家もある。夕方七時になれば、今日の売り上げが幾らだったかわかる。「お母さんに倒れられたら困る」ということで、お父さんたちが「母ちゃん支援の会」を作った。お父さんたちは自発的に、国道四号沿いの草刈や、イベントの時はテント張りなど、お客を呼び込むための環境づくりを担ってくれる。会長は言う「ほんとにみんなに助けられながらやっています」。

波及的に増えていった産地直売所

こうした農産物産地直売施設「名川チェリーセンター」の成功は、地域の人々に大きな刺激を与えることとなり、類似の取り組みが次々と生まれるようになっていった。

二〇〇二年四月に、旧名川町（上名久井地区）にオープンした「そばの里けやぐ」もその一つで、産地直売施設とそば打ち施設と食堂が併設されている。「けやぐ」は、この地域で「親しい仲間、仲のよい友だち」という意味で、農家のお父さんたちで組織するそばの生産者組合が一〇〇パーセント名川産のそば粉を提供し、農家のお母さんたちで組織する「ながわ百笑苦楽部《ひゃくしょうくらぶ》」がそのそば粉を使って店舗を運営する形で立ち上がった。「百笑苦楽部」という名称は、「苦しいことはみんなで乗り越え、楽しいことはみんなで分け合い、みんなで朗らかに笑っていられるような会」という願いから名づけられた。百笑苦楽部への入会金は一二万円（出資金二万円、運営資金一〇万円）で、会員が経営から日々の調理、接客までを担う。「一人一人が経営者であり、労働者でもあって、自分たちが頑張らないとお金にならない」と頑張っている。四～一〇月には、平日五〇人、土日一〇〇人以上が訪れ、特に桜のシーズンや、新そばが出たときは二〇〇食以上の注文がある。年間を通した売り上げは約二〇〇〇万円に安定している。

図６　そばの里けやぐ

図７　ふくちジャックドセンター

しかし、これまで簡単にやってこれたわけではない。店舗を展開することになってからの準備期間には五年も要した。町のバックアップもあり、やっとオープンにこぎつけたが、その後も苦労は続いた。店舗が国道から離れているためPRは大変で、とくに冬場は店舗が高台にあることなどから、ほとんど客が上がってこない。だが、次第に味がいいという評判は広がり、新しい客も増え、新そばの時期にはわざわざ遠くから来る人も出てきた。また、これまでに「どんな大雪でも(お客が)ゼロという日はなかった」ということが会員の自信につながっている。

このほか、類似の取り組みでは、旧福地村に「ふくちフレッシュ会」が運営する農産物等直売所「ふくちジャックドセンター」、旧南部町に「南部七草会」が運営する「なんぶふるさと物産館」が次々と誕生し、こうした産地直売所は、現在の「達者村」プロジェクトの大きな柱の一つとなっている。

4 「ホームステイ」の試み

やってみれば楽しかったホームステイ

一九九三年、ある高校が旧名川町の農家にホームステイし、農業体験修学旅行を実施することになり、受け入れてくれる農家を探すことになった。

はじめてのホームステイでは、まず生徒を迎えられる体制づくりまでが大変で、町の担

図８　農家民泊受け入れ風景

当者は、泊めてくれる農家を探すため、新しい取り組みに興味を持ちそうな人に一軒ずつ電話してお願いした。「うちに泊めるのかよ、ケガしたらどうすんだ、病気になったらどうするんだ」と言われながら、「農村の良さ、苦労したことを教えて欲しい、食糧生産の現場を見せて欲しい」と説得し、なんとかお願いした。受け入れに先立って、担当者らがホームステイをすでに実施している秋田県田沢湖町に視察に行ったところ、「心配はいらない」「生徒は意外と素直で楽しい」という話を聞いて安心した。

ホームステイに来る予定の生徒たちの写真が送られてきた。「うわっ、大丈夫かよ」。都会の子どもらしく、写真には派手な頭髪

図９　農家民泊受け入れ風景

や化粧をした生徒の姿が写っていた。ところが、実際に受け入れたところ、田沢湖町で聞いたとおりだった。生徒たちは素直で、まじめに農作業をし、気軽に話しかけ、しっかり働いて、農家の人に心を開いてくれた。それは、普段先生には見せない姿でもあった。帰り際に女子生徒が別れを惜しんで涙を流したり、「お母さんの作ってくれた料理、おいしかったよ」と言ってくれた。農家からは「思い切って受け入れて、本当に良かった」という声が返ってきた。

増加する修学旅行への対応

二年目の一九九四年からは、受け入れ農家では「ながわホームステイ連絡協議会」

を立ち上げて組織化し、会則を作って会費も徴収し運営にあたってきた。農業体験修学旅行へのニーズは年々高まってきたため、生徒の多い学校を受け入れできる体制を整え、生徒たちと触れ合う喜びを共有しようと、他の地域との連携を進めることになった。一九九六年には、旧南部町にも受け入れの農家組織「なんぶホームステイ連絡協議会」が立ち上がった。

現在は、ながわ・なんぶの両協議会員に福地地区の新規農家を加えた「達者村ホームステイ連絡協議会（会員農家三五軒）」のある南部町のほか、ホームステイ受け入れ団体が組織されている三戸町、八戸市、田子町、階上町、五戸町の各自治体による「三八地方農業観光振興協議会」を構成し、広域連携をすることで計八〇軒、三〇〇〇人までの受け入れが可能となった。

しかし、農家民泊の受け入れ農家数が増えないなど課題もいくつかある。農家民泊を受け入れするには関係法令上の申請書類を作成しなければならないが、書類作成に慣れていない農家にとっては負担となっている。また、トイレの問題、お風呂の問題など、見せたくない部分があることから、「やってみたいけど、今の家じゃなあ。新しく建てたらやるよ」という人が多い。さらに、農作業が忙しい、都会の人たちと接することが苦手、といった理由もあり増加していない。

「達者村ホームステイ連絡協議会」の反応

「(農家民泊に)来る前は生徒は嫌がるらしいです。知らない人の家に泊まらないといけない。言葉(方言)がわからない」と連絡協議会の会長は笑いながら話す。修学旅行にやってくるのは、関東や関西の大都市圏からが多く、方言は生徒たちにはわかりにくい。やったことがない農業体験を嫌がる生徒も多い。

ホームステイは二泊三日、農家一軒につき三~四人を受け入れる。生徒たちは、一泊目はまだ遠慮がちだが、二泊目になると家族と意志疎通ができるようになり、家の中を走り回る。滞在中、生徒達は農家の人と一緒に農作業をして、料理を作り食器を片づけ、自分で蒲団を敷く。地元の言葉(方言)は半分くらいしかわからない。自宅で茶碗を洗ったことがないという生徒もいて、戸惑いもある。いろいろ体験をすることで、いつの間にか、生徒にとっては印象深い楽しかった修学旅行となるようだ。会長のご自宅には、たくさんのお礼状が届いているほか、大阪の高校の卒業式に招かれたこともあるそうだ。

中には、その後も農家と関係が続く生徒もいる。以前修学旅行で来訪した生徒がその時に泊まった会員宅まで家出をしてきたこともあった。収穫した農産物の注文を受けている農家もある。生徒たちと農家との交流が、生徒を変え、農家の生きがいにつながっている。「(この地域は）黙っていては誰も来ないですよ。人を招くことから交流が生まれ、循環していれば、将来的には何かが変わってくる」、そう会長は話していた。

ホームステイを上手く進めるポイントは、やはり女性だという。まず、どこの家庭でも、女性が〝うん〟と言わなければ、ホームステイはできない。「私たちの地区では女性を前面に出してきました。農業観光も産直もグリーンツーリズムも、ほぼ女性が主役です。女性がメインでやってきて上手く回ってきた」と会長は言う。

5　「達者村」プロジェクトとグリーンツーリズム

青森県が「あおもり『達者村』開村モデル事業」で旧名川町を選んだ

このように、南部町では「観光農園」「産地直売所」「ホームステイ」の三つの事業を農家と行政・関係団体が連携して行っている。

そうした中、青森県が「生活創造推進プラン」の一環として、二〇〇三年度に、旬の食材やゆったりと流れる豊かな時間をテーマにした観光を構築する「あおもりツーリズム創造プロジェクト」を提唱し、このプロジェクトのモデル事業として、「あおもり『達者村』開村モデル事業」を実施することとなった。

町では、これまでに「観光農園」「産地直売所」「ホームステイ」などのグリーンツーリズムを促進する施策を行ってきており、今後もその発展的展開を考えていたため、県と施策の方向性が一致した。そして、県とともに「達者村」プロジェクトに取り組むこととなった。

なお、青森県では「あおもり『達者村』モデル事業」（県費単独・県直営）として二〇〇四年度に九三四万円、〇五年度には九〇四万円（旧名川町に一部委託）を予算化して活動を展開させたほか、「あおもりツーリズム創造プロジェクト」推進の一環として、達者村を含む県内活動が、観光推進事業者や地域づくり活動の専門家から各種助言を得るためのアドバイザー会議を定期的に開催している。

“究極のグリーンツーリズム”をめざす「達者村」プロジェクト

「達者村」プロジェクトでは、めざす地域の将来像を、「健康で長生きする」「物事に熟達

図10　達者村の体験メニュー「北のフルーツパーラー」

し」みんなが達者になれる村とし、「友《ゆ》～ったり 遊《ゆ》～っくり 農《の》～んびり」をキャッチフレーズにしている。「達者村を訪れた方々に住民との交流を通して達者になって頂くとともに、地域住民（南部町民）みんなが来訪者との触れ合いにより達者になろう」、というように「達者の循環」への願いが込められている。そして、「達者村」プロジェクトがめざす〝究極のグリーンツーリズム〟実現への方策として、「農山漁村での充実した余暇・リフレッシュ」といった従来のグリーンツーリズムから、「観光客として訪れた方々の中からファンを生み出し、将来的な長期滞在・定住につなげること」や、「地域にある資源を活用するこ

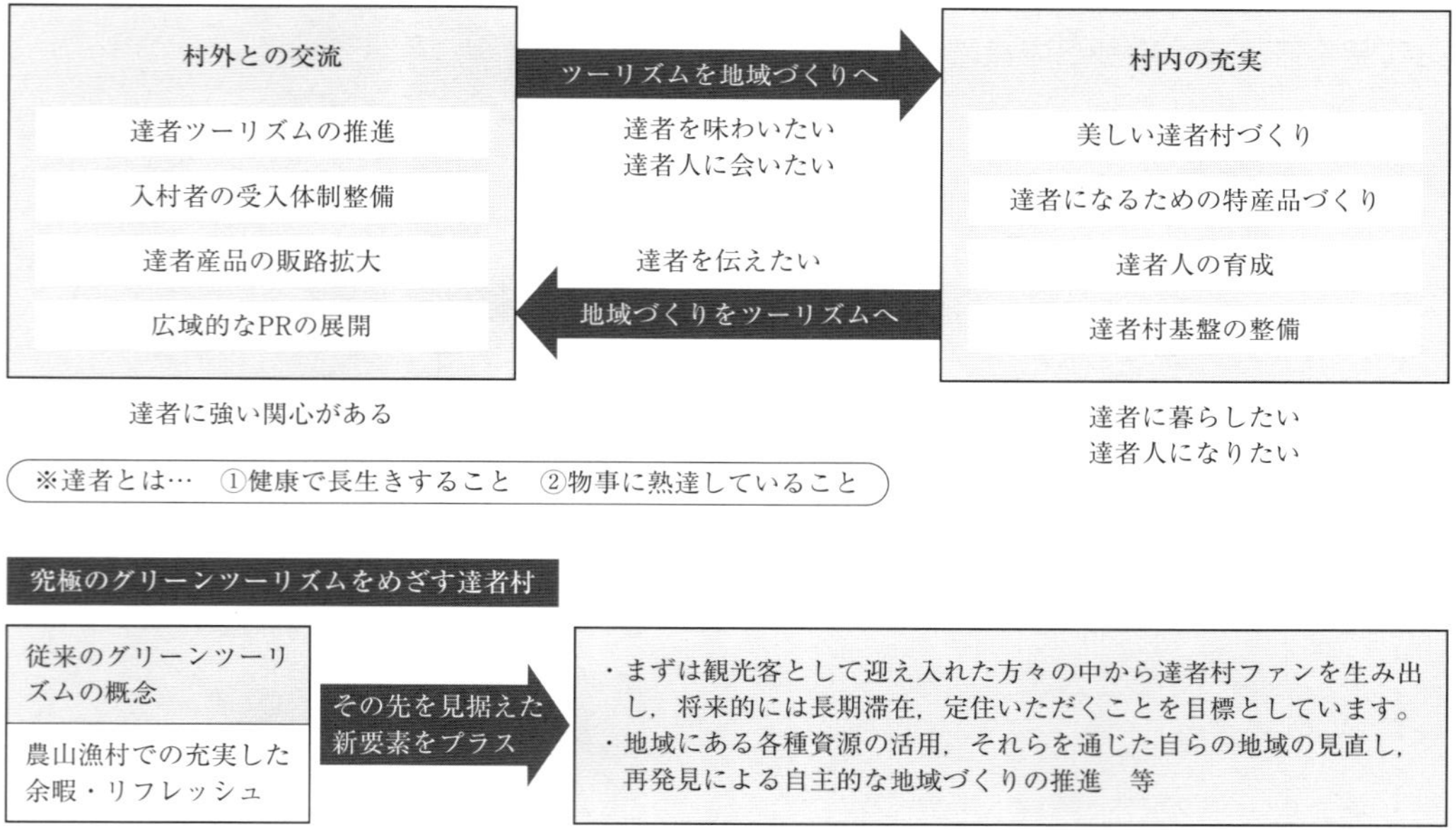
村外との交流
達者ツーリズムの推進
入村者の受入体制整備
達者産品の販路拡大
広域的なPRの展開
達者に強い関心がある
ツーリズムを地域づくりへ
達者を味わいたい
達者人に会いたい
達者を伝えたい
地域づくりをツーリズムへ
村内の充実
美しい達者村づくり
達者になるための特産品づくり
達者人の育成
達者村基盤の整備
達者に暮らしたい
達者人になりたい
※達者とは…　①健康で長生きすること　②物事に熟達していること
究極のグリーンツーリズムをめざす達者村
従来のグリーンツーリズムの概念
農山漁村での充実した余暇・リフレッシュ
その先を見据えた新要素をプラス
・まずは観光客として迎え入れた方々の中から達者村ファンを生み出し，将来的には長期滞在，定住いただくことを目標としています。
・地域にある各種資源の活用，それらを通じた自らの地域の見直し，再発見による自主的な地域づくりの推進　等

図11　達者村のコンセプト

とで、自らの地域の見直しや自主的な地域づくり推進につなげること」などを掲げている。

県による各種計画立案のもと、旧名川町では、二〇〇四年二月に役場関係各課職員や関係団体代表者からなる「達者村ワーキング・グループ」を結成、同年六月に町役場内に「達者村推進本部」を発足し、具体的な事業内容の検討や地元交流資源の洗い出しなどを行った。「達者村」プロジェクトは、核となる施設を設けるのではなく、地域にあるさまざまな文化や自然を見直す中から地域づくりを行おうというもので、県立案の計画があるとはいえ、「具体的に何をどうしたらいいか」をなかなか明確にできず、ワーキング・グループのメンバーらは模索の連続であった。しかし、メンバーらは何度にも渡り入念な打ち合せを重ね、その中から開村式の内容や達者村らしい活動を生み出し、同年一〇月九日に「あおもり『達者村』開村式」を開催。プロジェクトを本格的にスタートさせることとなった。

県の事業から自立して飛躍をめざす「達者村」プロジェクト

二〇〇六年一月には、旧名川町、旧南部町、旧福地村の三町村が合併したが、「達者村」プロジェクトは新・南部町に引き継がれ、活動エリアや活用できる交流資源が広範囲に広がった。合併に先立って、二〇〇五年一一～一二月には、「達者村づくり工房」が組織され、

「達者村」プロジェクトの将来像や具体的な整備方針等を明確にし、地元住民・事業者と行政との連携のもと長期的な達者村振興につなげることを目的にした「達者村振興計画」策定に向けて検討を行った。青森県の計画立案による「あおもり『達者村』開村モデル事業」は、二〇〇五年度でその事業を終えたが、南部町では将来にわたって「達者村」プロジェクトを続けていく方針を持って、二〇〇六年三月、町独自に「達者村振興計画」を策定した。

二〇〇六年六月には、それまでのワーキング・グループを発展させる形で、住民組織代表者や町役場の職員からなる「達者村づくり委員会」を設置し、現在まで活動を継続させている。

「達者村振興計画」の概要（二〇〇六年三月策定）

達者村の将来像

「〝友〜ったり 遊〜っくり 農〜んびり〟みんなが達者になれる村」

（「達者村を訪れた方々に住民との交流を通して達者になっていただくとともに、南部町民みんなが来訪者との触れ合いにより達者になろう」という願いが込められている。）

実現するための四つの目標

①　住民・団体を主体に行政と連携した推進体制づくり
②　来訪者をもてなす交流環境づくり
③　来訪者の長期滞在・定住受入を見据えた滞在システムづくり
④　豊かな地域資源を活かした魅力づくり

さまざまな取り組みが展開される「達者村」プロジェクト

「達者村」プロジェクトでは、前述したように、これまで南部町で行われてきた「観光農園」「産地直売所」「ホームステイ」などグリーンツーリズムに関連する三つの主要事業をベースとしながら、それら事業の更なる発展と新たな関連事業の広がりによって、長期滞在二地域居住の実現をめざしている。「達者村」プロジェクトで始まった新たな関連事業で主なものは次のとおりである。

①　達者村特産品認証事業

町内の住民・事業者が製造する農産加工品、菓子、手工芸品などの特産品を「安全・安心か」「達者（健康・長寿）に資するか」を重視した基準に基づいて、「達者村特産品認証委員会」が審査し、認められたものを「達者村特産品」として認証する「達者村特産品認証制度」を二〇〇四年度からスタートさせた。認証された達者村特産品には、〝達者〟に役立つ証として、「達者村認証産品」マークを表示できるようになる。「達者村認証産品」は、各地区の農産物直売所等で販売されている。認証マークが表示されていることで、販売促進・ブランド化とともに、「達者村」プロジェクトの町内外への浸透が図られている。

現在、約五〇品目の特産品が認証を受けているほか、毎年二月に開催されている「達者村特産品認証審査会」には例年二～三品程度の認証申請及び登録がされており、地元においては一定程度の知名度及び浸透が図られている。しかしながら、町外からの来訪者がお土産等で購入する決め手になるまでには至っておらず、認証ブランドの一層の洗練が求められている。

② 達者村百景

達者村づくり委員会では、眺めることで心が癒され、〝達者（健康）〟になれるような町内の優れた景観ポイントを公募し、優れたものを一〇〇件選定のうえ、「達者村百景」として町内外に発信しながら、守り育てていく事業も行っている。

③　達者村モニターツアー

達者村づくり委員会では、二〇〇四年一〇月の「達者村開村式」と二〇〇五年二月の二回、一泊二日の行程で住民との交流を楽しむ「達者村モニターツアー」を実施した。開村式でのツアーでは、ドライフラワーのしおり作り、りんごのジャム作り、満開に咲いた菊畑での菊の摘取、そば打ちの体験のほか、「昔話語り聞かせの夜」で南部弁の味のある昔話を聞く会が持たれた。二〇〇五年のツアーでは、ハウス栽培のいちご狩りや漬け物自慢の地元農家の指導のもと、米・梅・りんごの三種類の酢を独自の割合で配合した漬け汁を使っての長イモの漬物作りの体験、郷土芸能「えんぶり」の鑑賞や、実際の唄い手から歌詞や拍子を習ったのに続き、ステージ上で本番参加する達者えんぶり祝い唄講座への参加などが行われた。宿泊先の農家では、せんべい汁や畑で採った野菜等を使った郷土料理が振舞われ、農家との語り合いが持たれた。

参加者からは、「農家の収入や後継者問題など普通のツアーでは知り得ない知識を得ることができた」といったような満足感あふれる感想が聞かれた。このツアーへの参加を縁

図12　えんぶり祝い唄講座（上）と長いも漬物作り（下）

に、二〇〇五年横浜市在住の一組の夫婦が長期モニターとして三カ月間町内に滞在した。

④　農業インターンプロジェクト

農業に関心のある首都圏・関西圏の青年研修生が、町内の農家でインターンとして実地研修を行った。大手人材派遣会社が二〇〇五年度から実施した農業分野での雇用創出などに向けた研修を青森県と南部町が共同し、観光農園の振興を図る「達者村農業観光振興会」などの地元団体からの協力を得て受け入れした。

⑤　花壇コンクール

二〇〇七年には、達者村開村三周年記念事業として、「達者村」プロジェクトの地元コミュニティへのさらなる浸透を図り、全国から訪れる観光客等を花で彩られた達者村で迎えようと、地元住民・事業者を対象とした「達者村花壇コンクール」が南部町と達者村づくり委員会によって実施され、現在も引き続き行われている。

⑥　その他、各種事業

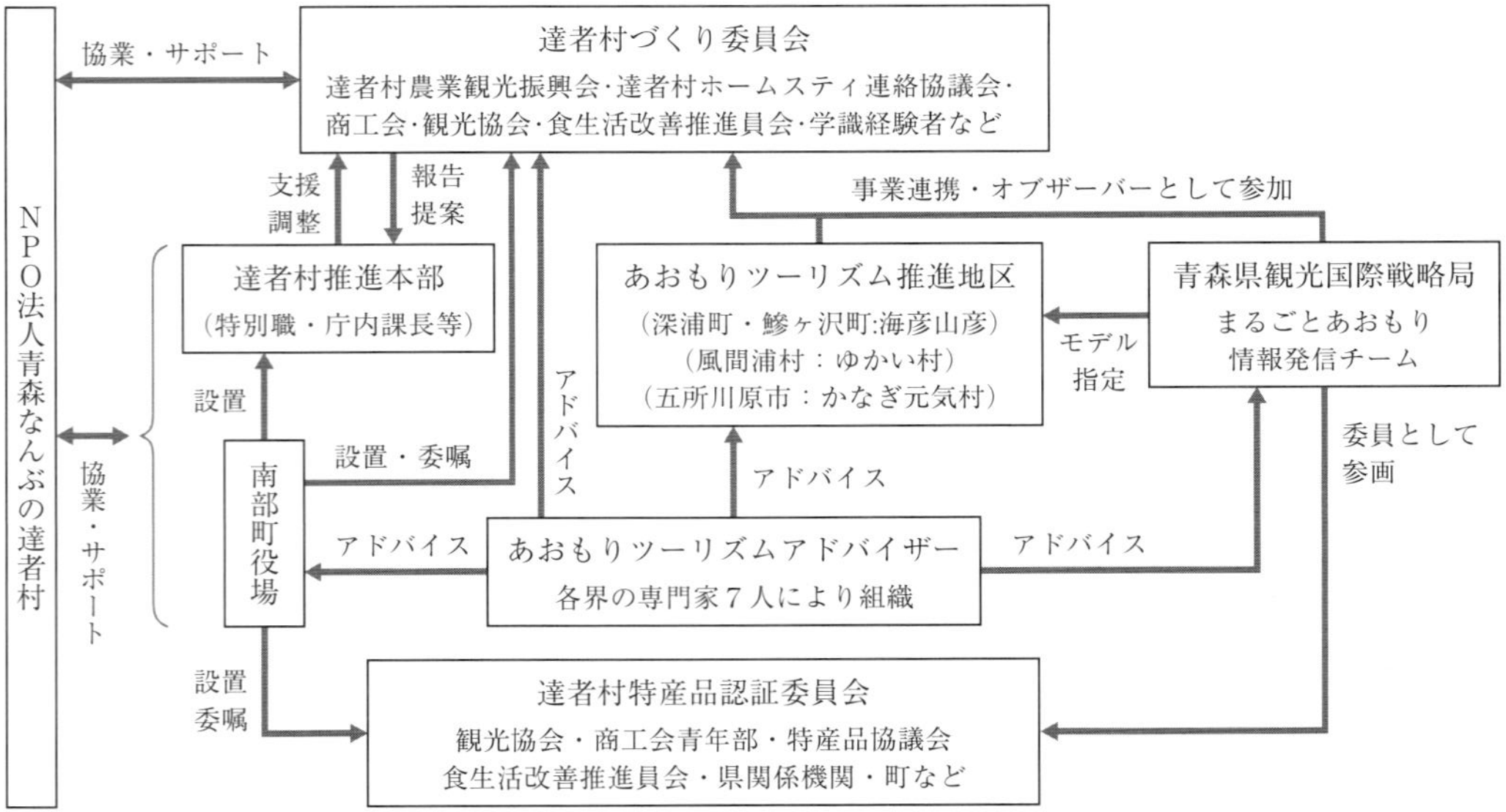

図13　達者村推進体制図（2013年〜）

「達者村」プロジェクトでは、こうした事業のほか、商工会によるグッズ（Ｔシャツ、携帯ストラップ等）の企画・製造・販売、フォーラムの開催、写真コンテスト事業、ＰＲ用のぼり制作など、さまざまな事業を展開してきている。二〇〇八年度には、交流活動をさらに拡大するために、来訪者が農産物の植栽から収穫までを楽しむリレー農園「達者村ずっぱど農園」の運営を開始しており、現在では収穫の喜び共有や地域住民等との交流促進を目的として設立された「達者村楽農《らくのう》クラブ」会員の手による運営がなされている（「ずっぱど」とは、方言で、いっぱい、たくさん、という意味）。また、同年度から町内の空き家の有効利用を通じて定住促進を図るための「空き家バンク制度」も創設しており、空き家物件の登録希望者と利用希望者のニーズをマッチングさせている。

６　「達者村」空間の充実へ向けて

民間主導への転換で真の「達者村」をめざす

南部町の「達者村」プロジェクトは、青森県からの呼びかけのもと、住民・事業者と町役場が連携して行ってきた「観光農園」「産地直売所」「ホームステイ」という三つの取り

表1　行政主導と民間組織主導の違い

行　政 多くの人に受け入れられるサービスに対応		民間組織 多様なニーズに柔軟に対応	
特　徴 長　所	公平性・平等性・安定性	特　徴 長　所	機動性・先駆性・収益性
短　所	個別的な消費者やプレイヤーのニーズへの対応は不向き	短　所	採算のとれないサービスの提供や事業実施は困難

組みをつなぎ合わせる形で立ち上がり、さまざまな新規事業を展開してきている。だが、今後、「達者村」の理念の普及と具現化を一層進めて、〝究極のグリーンツーリズム〟を実現していくためには、乗り越えなければならない課題も多い。

町では、「達者村プロジェクト」は、南部町を舞台として、現実にあるさまざまな地域資源を生かしながら、健康・長寿・熟達等をキーワードとした「達者村」という仮想的な世界を創造し充実させていこうとする「擬似農村（バーチャルビレッジ）」と表現される。これははじめて見聞きする者にとっては一見わかりにくいこともあり、そのイメージや必要性、あるいは将来像を、より一層明確かつ具体的に示しつつ、地域住民・事業者等の積極的な参画がなければならない。とくに、「達者村」プロジェクトが旧名川町で始まり、合併を経て他町村への広がりを求めているため、町内全域への普及・浸透が課題と言える。また、現在は各種事業の中核を〝達者な〟中高齢者が担っているが、数十年単位で取り組んでいく事業の性質上、将来的には必ず世代交代しなければならない時が訪れる。そのことからも、幅広い世代に取り組みの輪を広げ、〝達者〟のバトンが確実に受け継がれていく仕組みを作らなければならないと考えている。

このようにしてスタートし、交流の幅を広げ続けてきた達者村の取り組みであったが、活動の安定性や継続性等のメリットを優先して以前から続けてきた行政主導による実施スタイルについて、達者村の活動が年数を重ね、活動が拡充していくにつれ、収益を追い求めることへの限界や活動のマンネリ化、チャンスを的確につかむための機動性に劣るなどデメリットが顕在化してきた。

その状態を打破し、新たな活動に踏み出す契機としようと、二〇一二年には「達者村役場設置及び運営に係る調査業務」に着手した。町内における関係団体及び活動内容、種々の交流資源とそれぞれを活用することで生まれる収益を原資とした新たな運営組織の設立と運営の可能性を一年間かけて調査したところ、新組織は将来的な株式会社化を見据えつつ当初はＮＰＯ法人として設立することや、収益性のある数々の新規事業のアイディア等が得られた。

図14　達者村10周年記念ラッピングカー

NPO法人の設立

これらの調査結果をもとに二〇一三年五月、住民有志の発起のもと「NPO法人青森なんぶの達者村」（以下「NPO法人達者村」という）が設立された。NPO法人達者村では、達者村グリーンツーリズムの魅力を高めるための「グリーンツーリズム総合事業」、農商工連携を軸とした地域産業全体の活性化を目指す「達者村農商工連携&六次産業化事業」、町の総合プロデュースで人々が関わってうれしい達者村を目指す「まちづくり中間支援事業」の三本柱で活動を続けている。NPO法人達者村では、現在正会員、団体会員、賛助会員合わせて四七人の構成により第三期目の活動を展開しており、行政サイドでは補助制度の創設や関係事業の委託等を通じてこれらの活動をバックアップしている。

そして二〇一四年、達者村の取り組みが一〇周年の大きな節目を迎えたのに合わせ、それまでの活動内容をまとめた短編動画の作成や達者村をイメージしたラッピングカーの作成等の記念事業を実施したほか、一〇月一八日には町内施設において「達者村開村一〇周年記念式典」を開催した。式典当日は、青森県知事をはじめとする招待者のほか、併催したウォーキングイベントの参加者など約二〇〇人が来場し、せんべい汁や新米などのメニューに舌鼓を打ちつつ一〇周年の節目を祝った。

町では、地域づくりをお客様との交流につなげ、お客様との交流をさらなる地域づくりにつなげる、この終わることのない〝未完のチャレンジ〟に向けて、これからも地域住民・事業者とともに、じっくりと着実に挑戦し続けていきたいと考えている。

＊　本章は総務省・地域力創造グループ作成の「南部町グリーンツーリズムに関するレポート」を土台に、青森県南部町商工観光交流課の協力により加筆修正されたものである。

た 行

な 行

は 行

ま 行

や 行

ら・わ 行

索　引

あ　行

か　行

さ　行

《著者紹介》
各章扉裏参照。

シリーズ・いま日本の「農」を問う⑦
農業再生に挑むコミュニティビジネス
――豊かな地域資源を生かすために――

2015年7月31日　初版第1刷発行　〈検印省略〉

定価はカバーに
表示しています

著者　曽根原久司
　　　西辻一真
　　　平野俊己
　　　佐藤幸次
　　　南部町商工観光交流課

発行者　杉田啓三
印刷者　坂本喜杏

発行所　株式会社　ミネルヴァ書房
607-8494　京都市山科区日ノ岡堤谷町1
電話代表　(075)581-5191
振替口座　01020-0-8076

冨山房インターナショナル・兼文堂

ISBN 978-4-623-07305-4
Printed in Japan